"十四五"国家重点研发计划项目（2021YFD1401000）资助

全国农作物病虫害防控
植保贡献率评价报告
（2022）

全国农业技术推广服务中心
国家农业技术集成创新中心　主编

中国农业出版社
北京

《全国农作物病虫害防控植保贡献率评价报告（2022）》

编撰委员会

主　　任　魏启文
副 主 任　王积军

主　　编　刘万才
副 主 编　刘　慧　李　萍　朱晓明　卓富彦　李　跃
编著人员（以姓氏笔画为序）

王　琳	王亚红	史文生	司兆胜	吕文霞
朱　凤	朱秀秀	朱晓明	刘　媛	刘　慧
刘万才	孙作文	李　娜	李　萍	李　跃
张　丹	张　静	陈立玲	范婧芳	卓富彦
罗　嵘	郑卫锋	郑兆阳	赵中华	胡　韬
徐　翔	徐永伟	郭　荣	曹申文	商明清
彭　红	覃保荣	谢义灵		

序

　　农作物病虫害防控是减损增收、保障农业丰收和国家粮食安全的重要举措。据联合国粮食及农业组织（FAO）估算，全世界每年因病虫害造成的农作物产量损失高达40%。近年来，由于复种指数提高、耕作制度变化和气候异常等因素影响，我国农作物病虫害发生面积居高不下，成灾概率增加，对保障国家粮食安全构成严重威胁。

　　为有效防控农作物病虫害，在党中央、国务院的正确领导下，各级农业农村部门每年竭尽全力，组织全国农业植保体系全力打好"虫口夺粮"促丰收攻坚战、歼灭战，为减轻病虫害损失，保障国家粮食安全作出了重要贡献。但病虫害防控在保障粮食丰收方面的贡献有多大，因试验难度大等原因，多年来一直缺乏系统科学的评价数据。为此，全国农业技术推广服务中心在近年试点探索的基础上，2022年研究制定了农作物病虫害防控植保贡献率评价办法，组织全国17个省份97个县（市、区）系统开展了小麦、水稻、玉米、蔬菜、果树等作物病虫害防控成效与植保贡献率评价工作，取得了预期的年度评价结论。

　　根据各地试验结果，利用河北、黑龙江、河南等12个省份79个县（市、区）植保机构系统试验采集的数据测算，2022年全国三大粮食作物病虫害（不包括草害和鼠害）防控植保贡献率为20.19%。利用辽宁、山东和广东3个省份11个县植保机构系统试验取得的数据测算，2022年全国蔬菜病虫害防控植保贡献率为40.14%。利用山西、陕西2个省份7个县植保机构系统试验取得的数据测算，北方苹果病虫害防控的植保贡献率为35.57%，梨病虫害防控的植保贡献率为44.38%，平均39.98%。据此测算，全年共挽回粮食损失1.25亿吨，挽回蔬菜损失 2.89 亿吨，挽回果品损失 1.20 亿吨。这个结果充分表明，植物保护在减轻病虫害损失、保障国家粮食安全和重要农产品稳定安全供给中发挥着举足轻重的作用。

　　这是我国第一份关于病虫害防控贡献的国家报告，也是我国第一次组织开展全国性农作物病虫害防控植保贡献率评价工作，由于国内、国际上都没有可借鉴的经验，在评价方法上还不够完善，在数据采集上还存在一定程度的人为误差。建议全国农业技术推广服务中心根据实践结果，不断完善方法、减少误差，以使评价结果更加客观、更加准确，也为国际上开展农作物病虫危害损失评估和防控成效提供中国方案、贡献中国智慧。

中国工程院院士

西北农林科技大学教授

2023 年 2 月

CONTENTS 目 录

序

2022 年全国三大粮食作物病虫害防控植保贡献率评价报告

为客观反映农作物病虫害防控成效，根据农业农村部种植业管理司的安排部署，2022 年全国农业技术推广服务中心组织全国植保体系 12 个省（自治区）79 个县（市、区）开展了三大粮食作物重大病虫害防控植保贡献率评价工作。经各地认真开展田间试验和科学分析研判，综合测算出 2022 年全国三大粮食作物病虫害（不包括草害和鼠害）防控植保贡献率为 20.19％。据此测算，挽回粮食损失 1 250 亿千克。另据专家分析，如果加上草害和鼠害防除的成效，则整个农作物病虫草鼠害防控的植保贡献率超过 30％，挽回粮食损失至少 2 000 亿千克以上。

农作物病虫害是威胁粮食等主要农作物稳产高产的重要障碍，据联合国粮食及农业组织（FAO）估算，全世界每年因病虫害造成的农作物产量损失高达 40％。近年来，由于复种指数提高、耕作制度变化和气候异常等因素影响，我国农作物病虫害的发生居高不下，成灾概率增大，对保障国家粮食安全构成严重威胁。在党中央、国务院的高度重视下，农业农村部大力推进农作物病虫害防控能力建设，自 1998 年起，连续多年持续实施了全国植物保护工程和全国动植物保护能力提升工程，农作物重大病虫害监测预警与防控能力有了很大提升，为实现农业稳产增收作出了重要贡献。但农作物病虫害防控在实现"虫口夺粮"，保障国家粮食安全方面的贡献到底有多大，因其试验难度大，一直缺乏系统科学的评价数据。为加强农作物病虫害防控成效评价工作，在近年试点探索的基础上，2022 年全国农业技术推广服务中心印发了《关于加强农作物病虫害防控效果与植保贡献率评价工作的通知》，制定了《农作物病虫害防控效果与植保贡献率评价办法（试行）》，组织全国 12 个省（自治区）79 个县（市、区）植保机构系统开展了小麦、水稻、玉米等作物病虫害防控成效与植保贡献率评价工作，取得了预期的年度评价结论。现报告如下：

一、评价方法

（一）评价任务分工

根据评价工作需要，在全国选择技术力量强、有代表性的省份和重点基层县（市、区）承担全国农作物病虫害防控植保贡献率评价工作。每种作物一般安排3～5个省份，每个省份安排5～10个县（市、区）开展评价试验工作。各主要农作物病虫害防控植保贡献率评价任务承担省份见表1-1。

表1-1　2022年全国农作物病虫害防控植保贡献率评价任务承担省份

作物名称	承担任务省份［承担试验县（市、区）］
小麦	河北（鹿泉、栾城、永年、泊头、景县）； 河南（滑县、兰考、孟津、淮阳、长葛、郾城、西平、邓州、唐河、固始）； 山东（章丘、潍坊、沂水、莒南、兰陵、邹平、沾化、东平、菏泽、招远）； 安徽（凤台）
水稻	黑龙江（绥棱、方正、鸡东）； 江苏（睢宁、大丰、靖江、通州、宜兴、太仓）； 江西（上高、瑞昌、万安、临川、大余）； 湖南（衡南、醴陵、武冈、赫山、双峰、会同）； 广西（兴安、兴宾、陆川、柳城、宜州、港南、上林、八步）； 四川（旌阳、三台、梓潼、苍溪、广汉）
玉米	河北（鹿泉、河间、黄骅、固安、万全）； 吉林（公主岭、蛟河、敦化、抚松、洮南、东丰、梨树）； 河南（长葛、临颍、汝阳、滑县、卫辉、浚县、范县、淮阳、长垣）； 云南（隆阳、富民、寻甸）

（二）试验处理安排

根据评价办法要求，所有承担评价任务的省份，选择不同作物有代表性的主产县作为试验单位，按照统一试验方案，以开展田间小区试验为主，在设置完全不防治对照处理的基础上，统一设置严格防治、统防统治、农户自防，共4个处理。其中，完全不防治对照处理667米²，不设重复；其他3个处理每个处理134～200米²，重复3次。因不同处理防治力度和病虫基数等原因，形成不同的病虫害发生梯度。在作物收获期，通过实打实收测量不同防控处理情况下的产量，判断不同防治情况下病虫害造成的损失和防治挽回的损失，为加权平均计算植保贡献率收集基础数据。

（三）危害损失率测算方法

本试验设定，在严格防治情况下，病虫害造成的损失最轻，按理论产量计；在完全不防治情况下，病虫害造成的损失最大；不同防治力度下造成的危害损失居于中间。通过测算病虫害造成的最大损失率和不同防治力度的实际损失率，进而确定病虫害不同发生程度的危害损失率。其计算方法见公式1-1至公式1-3。

$$最大损失率 = \frac{\left(\begin{array}{c}严格防治\\处理单产\end{array} - \begin{array}{c}完全不防治\\处理单产\end{array}\right)}{严格防治处理单产} \times 100\% \qquad (1-1)$$

$$实际损失率 = \frac{\left(\begin{array}{c}严格防治\\处理单产\end{array} - \begin{array}{c}不同防治力度\\处理单产\end{array}\right)}{严格防治处理单产} \times 100\% \qquad (1-2)$$

$$挽回损失率 = \frac{\left(\begin{array}{c}不同防治力度\\处理单产\end{array} - \begin{array}{c}完全不防治\\处理单产\end{array}\right)}{严格防治处理单产} \times 100\% \qquad (1-3)$$

（四）植保贡献率计算方法

（1）不同防治水平植物保护贡献率的测算。完全不防治情况下的产量损失率减去防治条件下的产量损失率，即为不同处理植保贡献率。其计算方法见公式1-4至公式1-5。

$$植保贡献率（\%） = \begin{array}{c}完全不防治处\\理产量损失率\end{array} - \begin{array}{c}实际防治处理\\产量损失率\end{array} \qquad (1-4)$$

不同防治水平植物保护贡献率还可以用公式1-5计算。

$$植保贡献率 = \frac{\left(\begin{array}{c}不同防治\\处理单产\end{array} - \begin{array}{c}完全不防治\\处理单产\end{array}\right)}{严格防治处理单产} \times 100\% \qquad (1-5)$$

（2）调查明确不同防治类型病虫害发生程度及面积占比。开展植保贡献率测算，首先要调查明确所辖区域内病虫害的发生与防治类型分布情况，明确所辖区域内病虫害的发生面积大小。本试验以严格防治区、统防统治区、农户自防区为代表类型，统计其面积占比，为加权平均测算病虫害造成的产量损失率和植保贡献率做好准备。

（五）不同地域范围植保贡献率测算方法

在当前生产中，一般需要分别计算县级、市级、省级和全国的植保贡献率。本试验具体测算办法如下：

（1）县域范围的植保贡献率测算。根据不同生态区病虫害发生程度、分布状况和防治情况调查数据，结合代表区域植保贡献率测算结果，采用加权平均的办法测算县域植保贡献率。其计算方法见公式1-6。

$$
县域植保贡献率 = \sum \left[\frac{不同防治力度处理单产 - 完全不防治处理单产}{严格防治处理单产} \times 不同发生程度面积占种植面积的比例 \right] \times 100\% \qquad (1-6)
$$

（2）市（地）级范围的植保贡献率测算。参考县域范围的植保贡献率的测算方法进行，也可依据所辖各县的植保贡献率结果，加权平均测算。

（3）省域范围的植保贡献率测算。参考县域植保贡献率计算方法，用各个试点县不同防治力度处理平均单产与完全不防治处理平均单产相减，除以严格防治处理平均单产加权平均计算。也可在县域测算结果的基础上，选择有代表性的5～10个县，直接用加权平均的办法测算省域植保贡献率，或者采用各县的贡献率结果加权平均计算。其计算方法见公式1-7。

$$
省域植保贡献率 = \sum \left[\frac{各试点不同防治力度处理平均单产 - 完全不防治处理平均单产}{严格防治处理平均单产} \times 不同发生程度面积占种植面积的比例 \right] \times 100\% \qquad (1-7)
$$

（4）全国（某作物）植保贡献率的测算方法。采用各省的贡献率结果加权平均计算，也可以选择有代表性的重点省份，用加权平均的办法测算全国的植保贡献率。其计算方法见公式1-8。

$$
某作物全国植保贡献率（\%） = \sum \left(省域植保贡献率 \times \frac{该省种植面积占统计总种植面积的比例}{} \right) \qquad (1-8)
$$

（5）全国农作物病虫害防控总体植保贡献率的测算方法。采用相关主要作物全国的植保贡献率测算结果与各作物种植面积占全国农作物（如粮食）总面积的比例，加权平均进行计算。其计算方法见公式1-9。

$$\text{全国总体植保贡献率}（\%）= \sum\left(\text{某作物全国植保贡献率}\times\text{该作物全国种植面积占全国农作物总面积的比例}\right) \quad (1-9)$$

二、评价结果

（一）全国小麦病虫害防控植保贡献率评价结果

根据评价工作安排，河南、河北、山东和安徽4省植保植检站分别按要求选择5～10个有代表性的县（市、区）开展小麦病虫害防控植保贡献率评价试验和数据采集工作。经对各省各县（市、区）不同防治处理所测得单产数据进行分析，分别计算各省份严格防治区、统防统治区、农户自防区小麦病虫害防控植保贡献率，再根据各种防控处理类型所占比例，加权平均计算某省小麦病虫害防控植保贡献率。在此基础上，依据某省小麦种植面积占4省小麦总面积的比例，按照公式1-8加权平均计算得出2022年度全国小麦病虫害（不包括草害和鼠害）防控植保贡献率为24.17%（表1-2）。

同时，经对4省评价数据进行分析可见，严格防治情况下，植保贡献率比农户自防高14.06个百分点；统防统治条件下，植保贡献率比农户自防高8.25个百分点，表明大力推进病虫害综合防治和统防统治，以及植保减灾仍有较大潜力可挖（表1-2）。

表1-2　2022年全国小麦病虫害防控植保贡献率评价试验结果

省份	严格防治区			统防统治区			农户自防区			对照区	分省贡献率（%）	全国贡献率（%）
	平均亩[①]产（千克）	挽回损失率（%）	面积占比（%）	平均亩产（千克）	挽回损失率（%）	面积占比（%）	平均亩产（千克）	挽回损失率（%）	面积占比（%）	平均亩产（千克）		
河南	612.68	33.41	0.80	562.30	25.19	50.00	516.56	17.72	49.20	407.98	21.58	
山东	637.09	33.77	1.50	595.81	27.29	55.40	557.58	21.29	43.10	421.93	24.80	
河北	607.07	28.69	1.20	585.80	25.09	69.87	518.96	14.09	28.93	433.35	21.95	
安徽	492.60	37.60	1.04	468.20	32.65	69.94	426.30	24.14	29.02	307.40	30.23	
平均	587.36	33.37	—	553.03	27.56	—	504.85	19.31	—	392.67	24.64	24.17

① 亩，非法定计量单位，1亩=1/15公顷。——编者注

（二）全国水稻病虫害防控植保贡献率评价结果

根据工作安排，黑龙江、江苏、江西、湖南、广西和四川6省（自治区）植保植检站分别按要求选择5～10个有代表性的县（市、区）开展水稻病虫害防控植保贡献率评价试验和数据采集工作。各省份各县（市、区）水稻病虫害防控植保贡献率评价试验处理和计算方法与小麦相同。经科学试验和测算，2022年度全国水稻病虫害（不包括草害和鼠害）防控植保贡献率为19.23％。同时，进一步分析表明，严格防治情况下，植保贡献率比农户自防高9.52个百分点；统防统治条件下，植保贡献率比农户自防高5.09个百分点（表1-3）。

表1-3 2022年全国水稻病虫害防控植保贡献率评价试验结果

省份	严格防治区			统防统治区			农户自防区			对照区	分省贡献率（％）	全国贡献率（％）
	平均亩产（千克）	挽回损失率（％）	面积占比（％）	平均亩产（千克）	挽回损失率（％）	面积占比（％）	平均亩产（千克）	挽回损失率（％）	面积占比（％）	平均亩产（千克）		
黑龙江	624.04	9.61	30.70	603.77	6.36	61.07	588.80	3.96	8.23	564.09	7.16	
江苏	642.86	24.13	12.62	621.14	20.75	67.35	560.33	11.29	20.04	487.74	19.28	
江西	574.12	34.54	1.70	533.44	27.45	69.70	506.92	22.83	28.60	375.84	26.25	
湖南	494.33	34.39	1.80	450.60	25.54	46.30	432.43	21.87	51.90	324.33	23.80	
广西	433.86	27.31	3.70	419.77	24.06	48.50	391.53	17.56	47.80	315.36	21.07	
四川	637.40	25.92	2.50	632.40	25.13	52.60	607.60	21.24	28.30	472.20	19.87	
平均	567.77	25.98	—	543.52	21.55	—	514.60	16.46	—	423.26	19.57	19.23

（三）全国玉米病虫害防控植保贡献率评价结果

根据工作安排，河北、吉林、河南和云南4省植保植检站分别按要求选择5～10个有代表性的县（市、区）开展玉米病虫害防控植保贡献率评价试验和数据采集工作。各省各县（市、区）玉米病虫害防控植保贡献率评价试验处理和计算方法与小麦相同。经科学试验和测算，2022年度全国玉米病虫害（不包括草害和鼠害）防控植保贡献率为18.74％。同时，进一步分析表明，严格防治情况下，植保贡献率比农户自防高8.44个百分点；统防统治条件下，植保贡献率比农户自防高4.26个百分点（表1-4）。

表1-4 2022年全国玉米病虫害防控植保贡献率评价试验结果

| 省份 | 严格防控区 | | | 统防统治区 | | | 农户自防区 | | | 对照区 | 分省贡献率（%） | 全国贡献率（%） |
	平均亩产（千克）	挽回损失率（%）	面积占比（%）	平均亩产（千克）	挽回损失率（%）	面积占比（%）	平均亩产（千克）	挽回损失率（%）	面积占比（%）	平均亩产（千克）		
河北	615.30	27.50	1.00	584.70	22.53	54.30	569.90	20.12	43.70	446.10	21.30	
吉林	740.09	19.81	14.99	700.69	14.49	46.73	664.56	9.61	34.28	593.44	13.04	
河南	664.05	30.42	3.49	636.46	26.26	50.49	587.12	18.83	46.02	462.06	22.99	
云南	701.35	25.90	11.89	685.39	23.63	16.08	669.07	21.30	62.03	519.67	20.09	
平均	680.20	25.91	—	651.81	21.73	—	622.66	17.47	—	505.32	19.36	18.74

（四）2022年全国三大粮食作物病虫害防控总体植保贡献率评价结果

依据全国小麦、水稻、玉米病虫害防控植保贡献率评价结果和三大粮食作物面积占比，加权平均计算2022年全国三大粮食作物病虫害防控总体植保贡献率。测得小麦、水稻、玉米病虫害防控的植保贡献率分别为24.17%、19.23%、18.74%，播种面积分别占三大粮食作物总面积的23.87%、31.10%和45.03%，根据公式1-9，加权平均计算得出2022年全国三大粮食作物病虫害防控总体植保贡献率为20.19%。据此测算，通过开展农作物病虫害防控，全年共挽回三大粮食作物产量损失1.25亿吨，其中，小麦、水稻、玉米挽回损失分别为3 328.84万吨、4 009.36万吨、5 107.30万吨（表1-5）。

表1-5 2022年全国三大粮食作物病虫害防控总体植保贡献率评价试验结果

作物名称	平均贡献率（%）	严格防治贡献率（%）	统防统治贡献率（%）	农户自防贡献率（%）	产量（万吨）	挽回产量损失（万吨）	播种面积（万公顷）	面积占比（%）	总体植保贡献率（%）
小麦	24.17	33.37	27.56	19.44	13 772.30	3 328.84	2 296.20	23.87	
水稻	19.23	25.98	21.55	16.46	20 849.50	4 009.36	2 992.12	31.10	
玉米	18.74	25.91	21.73	17.47	27 253.49	5 107.30	4 332.41	45.03	
平均	20.71	28.42	23.61	17.79	—	—	—	—	20.19
合计	—	—	—	—	61 875.29	12 534.60	9 620.73	100.00	—

三、结论与讨论

（一）结论

（1）2022年全国三大粮食作物病虫害防控总体植保贡献率为20.19％。经河南、山东、河北和安徽等12个省份植保体系组织开展田间试验测定，在有效控制杂草危害的基础上，小麦、水稻、玉米三大粮食作物病虫害防控的平均植保贡献率为20.19％。其中，小麦、水稻、玉米分别为24.17％、19.23％和18.74％。据此测算，共挽回小麦、水稻、玉米产量损失分别为3 328.84万吨、4 009.36万吨和5 107.30万吨，合计挽回三大粮食作物约1.25亿吨。按我国人均每年483千克粮食占有量计算，相当于2.60亿人1年的口粮，充分表明重大病虫害防控在保障农业生产和国家粮食安全方面的极端重要性。

（2）农作物病虫害防控仍然有较大潜力可挖。经对各省评价数据综合分析，小麦病虫害在严格防治情况下，植保贡献率比农户自防高14.06个百分点；统防统治条件下，植保贡献率比农户自防高8.25个百分点。水稻病虫害在严格防治和统防统治情况下，植保贡献率分别比农户自防高9.52个和5.09个百分点。玉米病虫害在严格防治和统防统治情况下，植保贡献率分别比农户自防高8.44个和4.26个百分点。表明加大农作物病虫害防控力度，推进绿色防控、精准防控和统防统治，农作物病虫害防控减损增产仍有巨大潜力。

（二）讨论

（1）评价结果不包括麦田杂草防除的植保贡献率。2022年评价试验工作安排时，由于专业分工等方面的原因，未安排草害防控植保贡献率相关试验。按照联合国粮食及农业组织（FAO）测算的结果，一般情况下，杂草的危害损失率约为11％。近年来，我国农田杂草发生日趋严重，专家估计其危害损失率不会低于此数。另外，部分地方还有鼠害，如果加上草害和鼠害的防控植保贡献，则全国农作物病虫草鼠害防控的植保贡献率至少超过30％。2022年黑龙江和江苏两省植保机构测算的包括草害防控在内的水稻病虫草害防控植保贡献率分别为32.03％和36.69％，也印证了这一点。

（2）本评价结果仅代表病虫害偏轻发生年份的植保贡献率。由于气候等因素影响，2022年全国农作物病虫害总体发生偏轻。上半年，小麦条锈病、赤霉病流行程度轻于常年，发病面积减幅较大；小麦茎基腐病发病偏晚，蔓延势头放缓；小麦蚜虫和小麦纹枯病等发生期偏晚，未造成大发生之势。下半年，南方稻区因受持续高温等因素影响，稻飞虱、稻纵卷叶螟、稻瘟病等重大病虫害发生轻于常年，北方玉米主产区草地贪夜蛾、黏虫等未造成大面积危害，其他病虫害发生情况接近常年。2022年度所得的评价结果仅代表病虫害偏轻发生年份的情况，遇到病虫害严重发生年份，在有效防控的基础上，植保贡献率应该更高。

（3）试验评价方法还有待进一步完善。尽管 2022 年全国农业技术推广服务中心制定印发了《农作物病虫害防控效果与植保贡献率评价办法（试行）》，但从各地执行的情况看，掌握的尺度不尽一致。在试验处理、调查方法和数据分析处理上还不统一，有的地方需要进一步细化和明确，也需要在不断实践探索的基础上，进一步通过研讨交流、技术培训，逐渐完善并统一方法，提高评价方法的简便性、科学性，不断提高评价结果的权威性。

拟稿人　刘万才、刘慧、朱晓明、卓富彦、李跃、李萍、任彬元

2022年全国小麦病虫害防控植保贡献率评价报告

为做好小麦重大病虫害防控成效评价工作，客观反映病虫害防控的成效和贡献率，根据农业农村部种植业管理司安排部署，2022年全国农业技术推广服务中心（下称"我中心"）制定了《农作物病虫害防控效果与植保贡献率评价办法（试行）》，组织河南、山东、河北和安徽4个省份植保体系认真开展了小麦重大病虫害防控植保贡献率评价工作。通过统一设置严格防治区、统防统治区、农户自防区和完全不防治对照区，采用多点试验测产的方法，经科学评估，2022年全国小麦病虫害（不包括草害和鼠害）防控植保贡献率为24.17％。据此测算，共挽回小麦产量损失3 328.84万吨。统计结果表明，严格防治和统防统治情况下，防控植保贡献率分别比农户自防高14.06个和8.25个百分点。

一、评价方法

（一）危害损失率测算方法

根据我中心制定的评价办法，河北、山东、河南和安徽4个省份植保植检站选择有代表性的小麦主产县开展田间评估试验，统一设置完全不防治对照、严格防治、统防统治和农户自防4个处理，因防治力度不同等原因，形成不同的病虫害发生梯度。在小麦收获期，通过测量不同防治类型下的产量，判断不同防治类型、不同发生程度病虫害造成的损失。本试验设定，在严格防治情况下，病虫危害造成的危害损失最轻，按理论产量计；完全不防治情况下，病虫危害造成的危害损失最大；其他不同防治处理造成的危害损失居于中间。通过测算病虫害危害造成的最大损失率和不同防治力度的实际损失率，进而确定不同防治情况下的危害损失率。其计算方法见公式2-1至公式2-3。

$$最大损失率 = \frac{\left(\begin{array}{c}严格防治处 \\ 理单产\end{array} - \begin{array}{c}完全不防治 \\ 处理单产\end{array}\right)}{严格防治处理单产} \times 100\% \qquad (2-1)$$

$$不同防治类型实际损失率=\frac{\left(严格防治处理单产-不同防治力度处理单产\right)}{严格防治处理单产}\times100\%\qquad(2-2)$$

$$挽回损失率=\frac{\left(不同防治处理单产-完全不防治处理单产\right)}{严格防治处理单产}\times100\%\qquad(2-3)$$

（二）植保贡献率计算方法

（1）不同防治水平植物保护贡献率的测算。完全不防治情况下的产量损失率减去防治条件下的产量损失率，即为不同处理植保贡献率。其计算方法见公式2-4至公式2-5。

$$植保贡献率（\%）=完全不防治处理产量损失率-实际防治处理产量损失率\qquad(2-4)$$

不同防治水平植物保护贡献率还可以用公式2-5计算：

$$植保贡献率=\frac{\left(不同防治处理单产-完全不防治处理单产\right)}{严格防治处理单产}\times100\%\qquad(2-5)$$

（2）调查明确不同防治类型病虫害发生情况及占比。开展植保贡献率测算，首先要调查明确所辖区域内病虫害的防治情况（即其发生危害程度）和分布状况，明确所辖区域病虫害的发生面积大小。本试验以严格防治区、统防统治区、农户自防区为代表类型，统计其面积占比，为加权测算全代表区域病虫害造成的产量损失率做好准备。

（三）不同地域范围植保贡献率测算方法

在当前生产中，一般需要分别计算县级、市级、省级和全国的植保贡献率。本试验具体测算办法如下：

（1）县域范围的植保贡献率测算。根据不同生态区病虫害发生程度、分布状况和防治情况调查数据，结合代表区域植保贡献率测算结果，采用加权平均的办法测算县域植保贡献率。其计算方法见公式2-6。

$$县域植保贡献率=\sum\left[\frac{\left(不同防治力度处理单产-完全不防治处理单产\right)}{严格防治处理单产}\times不同发生程度面积占种植面积的比例\right]\times100\%\qquad(2-6)$$

（2）市（地）级范围的植保贡献率测算。参考县域范围的植保贡献率测算方法进行，也可依据所辖各县的植保贡献率结果加权平均测算。

（3）省域范围的植保贡献率测算。参考县域植保贡献率计算方法，用各个试点县不同防治力度处理平均单产与完全不防治处理平均单产相减，除以严格防治处理平均单产加权平均计算。其计算方法见公式2-7。

$$\text{省域植保贡献率} = \sum \left[\frac{\left(\begin{array}{c} \text{各试点不同防治力} \\ \text{度处理平均单产} \end{array} - \begin{array}{c} \text{完全不防治处理} \\ \text{平均单产} \end{array} \right)}{\begin{array}{c} \text{严格防治处理} \\ \text{平均单产} \end{array}} \times \begin{array}{c} \text{不同发生} \\ \text{程度面积} \\ \text{占种植面} \\ \text{积的比例} \end{array} \right] \times 100\% \quad (2-7)$$

（4）全国植保贡献率的测算方法。采用各省的贡献率结果加权平均计算，也可以选择有代表性的重点省份，用加权平均的办法测算全国的植保贡献率。其计算方法见公式2-8。

$$\text{全国植保贡献率}(\%) = \sum \left(\begin{array}{c} \text{省域植保} \\ \text{贡献率} \end{array} \times \begin{array}{c} \text{该省种植面积占统计} \\ \text{总种植面积的比例} \end{array} \right) \quad (2-8)$$

二、评价结果

（一）河南省试验评价结果

河南省植保植检站在全省设立32个试验点开展小麦病虫害防控植保贡献率评价试验和数据采集工作。经全省数据平均，严格防治区、统防统治区、农户自防区病虫害防控植保贡献率分别为33.41%、25.19%和17.72%。据调查，河南省3种防治类型所占比例分别为0.80%、50.00%和49.20%，加权平均病虫害防控植保贡献率为21.58%（表2-1）。

表2-1 2022年河南省小麦病虫害防控植保贡献率评价试验结果

试验处理	发生程度	平均亩产（千克）	损失率（%）	挽回损失率（%）	所占比例（%）	植保贡献率（%）
严格防治区	1	612.68	—	33.41	0.80	
统防统治区	2	562.30	8.22	25.19	50.00	21.58
农户自防区	2～3	516.56	15.69	17.72	49.20	
完全不防区	3～4	407.98	33.41	—	—	

注：依据全省32个试验点调查数据按照小麦种植面积加权平均计算防控植保贡献率。

（二）山东省试验评价结果

山东省农业技术推广中心组织章丘、沂水、莒南等 10 个县（市、区）开展小麦病虫害防控植保贡献率评价试验和数据采集工作。经 10 个试验点数据平均，严格防治区、统防统治区、农户自防区病虫害防控植保贡献率分别为 33.77％、27.29％和 21.29％。据调查，山东省 3 种防治类型所占比例分别为 1.50％、55.40％和 43.10％，加权平均病虫害防控植保贡献率为 24.80％（表 2-2）。

表 2-2　2022 年山东省小麦病虫害防控植保贡献率评价试验结果

试验处理	发生程度	平均亩产（千克）	损失率（％）	挽回损失率（％）	所占比例（％）	植保贡献率（％）
严格防治区	0～1	637.09	—	33.77	1.50	
统防统治区	1～2	595.81	6.48	27.29	55.40	
农户自防区	2～3	557.58	12.48	21.29	43.10	24.80
完全不防区	4	421.93	33.77	—	—	

注：依据全省 10 个试验点调查数据按照小麦种植面积加权平均计算防控植保贡献率。

（三）河北省试验评价结果

河北省植保植检站在 13 个小麦主产市各安排 2 个试验点，开展小麦病虫害防治效果与植保贡献率评价工作。以鹿泉、栾城、永年、泊头、景县 5 个代表县的数据计算河北省域防控植保贡献率。经 5 个试验点数据平均，严格防治区、统防统治区、农户自防区病虫害防控植保贡献率分别为 28.69％、25.09％和 14.09％。据调查，河北省 3 种防治类型所占比例分别为 1.20％、69.87％和 28.93％，加权平均得病虫害防控植保贡献率为 21.95％（表 2-3）。

表 2-3　2022 年河北省小麦病虫害防控植保贡献率评价试验结果

试验处理	发生程度	平均亩产（千克）	损失率（％）	挽回损失率（％）	所占比例（％）	植保贡献率（％）
严格防治区	1	607.67	—	28.69	1.20	
统防统治区	1～2	585.80	3.60	25.09	69.87	
农户自防区	2～3	518.96	14.60	14.09	28.93	21.95
完全不防区	4～5	433.35	28.69	—	—	

注：依据河北鹿泉、栾城、永年、泊头、景县 5 个代表县调查数据，按照小麦种植面积加权平均计算防控植保贡献率。

（四）安徽省试验评价结果

安徽省植物保护总站重点安排凤台县开展小麦病虫害防控植保贡献率评价试验和数据采集工作。经对全县多点采集数据平均，严格防治区、统防统治区、农户自防区病虫害防控挽回损失率（植保贡献率）分别为 37.60%、32.65% 和 24.14%。据调查，安徽省 3 种防治类型所占比例分别为 1.04%、69.94% 和 29.02%，加权平均得病虫害防控植保贡献率为 30.23%（表 2-4）。

表 2-4　2022 年安徽省小麦病虫害防控植保贡献率评价试验结果

试验处理	发生程度	平均亩产（千克）	损失率（%）	挽回损失率（%）	所占比例（%）	植保贡献率（%）
严格防治区	1	492.6	—	37.60	1.04	
统防统治区	2	468.2	4.95	32.65	69.94	30.23
农户自防区	2~3	426.3	13.46	24.14	29.02	
完全不防区	4	307.4	37.60	—	—	

注：依据凤台县调查数据，按照小麦种植面积加权平均计算防控植保贡献率。

（五）全国小麦病虫害防控植保贡献率

依据河南、山东、河北和安徽 4 个省份测定的小麦病虫害严格防治区、统防统治区、农户自防区防控挽回的产量损失率结果和各防治类型所占的面积比例，加权平均计算各省的植保贡献率。在此基础上，依据各省份小麦面积占 4 个省份小麦总面积的比例，按照公式 2-7 加权平均计算得出 2022 年度全国小麦病虫害（不包括草害和鼠害）防控植保贡献率为 24.17%（表 2-5）。

表 2-5　2022 年全国小麦病虫害防控植保贡献率评价试验结果

省份	严格防治区		统防统治区		农户自防区		防控贡献率（%）	全国防控贡献率（%）
	挽回损失率（%）	占比（%）	挽回损失率（%）	占比（%）	挽回损失率（%）	占比（%）		
河南	33.41	0.80	25.19	50.00	17.72	49.20	21.58	
山东	33.77	1.50	27.29	55.40	21.29	43.10	24.80	
河北	28.69	1.20	25.09	69.87	14.09	28.93	21.95	
安徽	37.60	1.04	32.65	69.94	24.14	29.02	30.23	
平均	33.37	—	27.56	—	19.31	—	24.64	24.17

三、评价结论

（一）2022年参试各省小麦病虫害防控植保贡献率

经河南、山东、河北和安徽4个省份植保体系组织开展田间试验测定，在有效控制杂草危害的基础上，春后小麦病虫害防控的植保贡献率分别为21.58％、24.80％、21.95％和30.23％，平均24.64％。

（二）2022年全国小麦病虫害防控植保贡献率

河南、山东、河北和安徽4个省份均为全国小麦主产省份，小麦面积占全国总面积的65％左右。利用这4个省份小麦病虫害防控的植保贡献率加权平均计算全国小麦病虫害防控植保贡献率为24.17％。据此测算，2022年通过病虫害防控，共挽回小麦产量3 329万吨（332.9亿千克）。

（三）小麦病虫害防控仍然有较大潜力可挖

经4个省份数据平均分析，严格防治情况下，植保贡献率比农户自防高14.06个百分点；统防统治条件下，植保贡献率比农户自防高8.25个百分点。当前，全国小麦病虫害统防统治的比例仅50％左右，如果统防统治率提高到75％左右，相当于再有25％的小麦面积减少损失8.12％，则全国增产潜力为27.5亿千克；如果通过实施精准防控、统防统治等措施，切实将病虫危害损失率控制在5％以下，仍然还有潜力可挖，减损增产潜力巨大。

四、存在问题

（一）评价结果不包括麦田杂草防除的植保贡献

2022年评价试验工作开始时已是春后，此时麦田杂草防除已在冬前和春后返青拔节期完成。因此，2022年度的试验评价并未涉及草害的影响。按照联合国粮食及农业组织（FAO）测算的结果，一般情况下，杂草的危害损失率约为11％。另外，部分地方还有鼠害，如果加上草害和鼠害的防控植保贡献，则小麦病虫草鼠害防控的植保贡献率应该在35％左右。

（二）小麦病虫害防控植保贡献的影响因素考虑还不全面

由于评价试验启动时间偏晚，一般都在春后进行。大多地方在小麦秋播时已经采取了药剂拌种防治地下害虫和苗期病虫害的防治措施，对病虫害的自然发生起到了一定的控制作用。因此，本评价测得的小麦病虫害防控植保贡献率可能偏小。

（三）2022年度小麦病虫害偏轻发生导致评价数据偏低

由于气候等因素影响，2022 年全国小麦病虫害总体偏轻发生，小麦条锈病、赤霉病流行程度轻于常年，发病面积减少幅度较大；小麦茎基腐病发病偏晚，蔓延势头放缓；小麦蚜虫和小麦纹枯病等虽然总体中等偏重发生，但发生期偏晚，程度轻于常年，未造成大范围偏重发生态势。因此，2022 年度所得的评价结果数据偏低，遇到病虫害严重发生年份，在有效控制病虫害发生的基础上，植保贡献率应该更高。

五、下一步打算

（一）进一步完善试验评价方法

2022 年尽管制定印发了试验评价方法，但从各地执行的情况看，掌握的尺度不尽一致，在试验处理、调查方法和数据分析处理上还不统一，有的方法本身也需要再明确细化，并通过加强研讨交流和技术培训，进一步统一方法，提高评价方法的科学性和评价结果的权威性。

（二）及早安排下一年度的评价工作

针对 2022 年试验评价工作开始偏晚，部分试验已经错过时间节点的问题，对于小麦、油菜等秋播作物，要提前安排试验评价工作。从秋播开始，把除草、秋播拌种等病虫害防控因素都考虑进来，确保下一年度的植保贡献率评价结果更加全面、真实、客观。

（三）逐步形成工作制度安排

在不断实践和完善评价方法、加强宣传培训的基础上，逐步将病虫害防控植保贡献率评价纳入病虫害防治工作范围，形成制度安排，每年定期开展评价工作，得出植保防控挽回损失率等权威数据，为客观反映病虫害防控植保贡献情况提供数据支撑。

拟稿人　刘万才、赵中华、李跃、彭红、李娜、商明清、郑兆阳

2022 年全国水稻病虫害防控植保贡献率评价报告

为做好水稻重大病虫害防控成效评价工作，客观反映病虫害防控的成效和贡献率，根据农业农村部种植业管理司安排部署，2022 年全国农业技术推广服务中心（以下称"我中心"）制定了《农作物病虫害防控效果与植保贡献率评价办法（试行）》，组织黑龙江、江苏、江西、湖南、广西、四川共 6 个省（自治区）的植保体系认真开展了水稻重大病虫害防控植保贡献率评价工作。通过统一设置严格防治区、统防统治区、农户自防区和完全不防治对照区，采用多点试验测产的方法，经科学评估，2022 年全国水稻病虫害（不包括草害和鼠害）防控植保贡献率为 19.23%。据此测算，共挽回水稻产量损失 4 009.36 万吨。另外，统计结果表明，严格防治和统防统治情况下，防控植保贡献率分别比农户自防高 9.52 个和 5.09 个百分点。

一、评价方法

（一）危害损失率测算方法

根据我中心制定的评价办法，黑龙江、江苏、江西、湖南、广西、四川等 6 个省（自治区）植保植检站选择有代表性的水稻主产县（市、区）开展田间评估试验，统一设置完全不防治对照、严格防治、统防统治和农户自防 4 个处理，因防治力度不同等原因，形成不同的病虫害发生梯度。在水稻收获期，通过测量不同防治类型下产量，判断不同防治类型、不同发生程度病虫害造成的损失。本试验设定，在严格防治情况下，病虫危害造成的损失最轻，按理论产量计；完全不防治情况下，病虫危害造成的损失最大；其他不同防治处理造成的危害损失居于中间。通过测算病虫危害造成的最大损失率和不同防治力度的实际损失率，进而确定不同防治情况下的危害损失率。其计算方法见公式3－1至公式3－3。

$$最大损失率=\frac{\left(\genfrac{}{}{0pt}{}{严格防治}{处理单产}-\genfrac{}{}{0pt}{}{完全不防治}{处理单产}\right)}{严格防治处理单产}\times100\% \qquad (3-1)$$

$$实际损失率=\frac{\left(\begin{array}{c}严格防治\\处理单产\end{array}-\begin{array}{c}不同防治力度\\处理单产\end{array}\right)}{严格防治处理单产}\times100\%\qquad(3-2)$$

$$挽回损失率=\frac{\left(\begin{array}{c}不同防治力度\\处理单产\end{array}-\begin{array}{c}完全不防治\\处理单产\end{array}\right)}{严格防治处理单产}\times100\%\qquad(3-3)$$

（二）植保贡献率计算方法

（1）不同防治水平植物保护贡献率的测算。完全不防治情况下的产量损失率减去防治条件下的产量损失率，即为不同处理植保贡献率。其计算方法见公式3-4至公式3-5。

$$植保贡献率（\%）=\begin{array}{c}完全不防治处\\理产量损失率\end{array}-\begin{array}{c}实际防治处理\\产量损失率\end{array}\qquad(3-4)$$

不同防治水平植物保护贡献率还可以用公式3-5计算：

$$植保贡献率=\frac{\left(\begin{array}{c}不同防治\\处理单产\end{array}-\begin{array}{c}完全不防治\\处理单产\end{array}\right)}{严格防治处理单产}\times100\%\qquad(3-5)$$

（2）调查明确不同防治类型病虫害发生情况及占比。开展植保贡献率测算，首先要调查明确所辖区域内病虫害的防治情况（即其发生危害程度）和分布状况，明确所辖区域病虫害的发生面积大小。本试验以严格防治区、统防统治区、农户自防区为代表类型，统计其面积占比，为加权测算全代表区域病虫害造成的产量损失率做好准备。

（三）不同地域范围植保贡献率测算方法

在当前生产中，一般需要分别计算县级、市级、省级和全国的植保贡献率。本试验具体测算办法如下：

（1）县域范围的植保贡献率测算。根据不同生态区病虫害发生程度、分布状况和防治情况调查数据，结合代表区域植保贡献率测算结果，采用加权平均的办法测算县域植保贡献率。其计算方法见公式3-6。

$$县域植保贡献率 = \sum \left[\frac{\left(\begin{array}{c} 不同防治力度 \\ 处理单产 \end{array} - \begin{array}{c} 完全不防治 \\ 处理单产 \end{array} \right)}{严格防治处理单产} \times \begin{array}{c} 不同发生程度面积 \\ 占种植面积的比例 \end{array} \right] \times 100\% \quad (3-6)$$

（2）市（地）级范围的植保贡献率测算。参考县域范围植保贡献率的测算方法进行，也可依据所辖各县的植保贡献率结果加权平均测算。

（3）省域范围的植保贡献率测算。采用各县的植保贡献率结果加权平均计算，也可以在县域测算结果的基础上，选择有代表性的5～10个县，直接用加权平均的办法测算省域植保贡献率。其计算方法见公式3-7。

$$省域植保贡献率（\%） = \sum \left(\begin{array}{c} 县域植保 \\ 贡献率 \end{array} \times \begin{array}{c} 该县种植面积占统计 \\ 总种植面积的比例 \end{array} \right) \quad (3-7)$$

（4）全国植保贡献率的测算方法。采用各省的贡献率结果加权平均计算，也可以选择有代表性的重点省份，用加权平均的办法测算全国的植保贡献率。其计算方法见公式3-8。

$$全国植保贡献率（\%） = \sum \left(\begin{array}{c} 省域植保 \\ 贡献率 \end{array} \times \begin{array}{c} 该省种植面积占统计 \\ 总种植面积的比例 \end{array} \right) \quad (3-8)$$

二、评价结果

（一）黑龙江省试验评价结果

黑龙江省植检植保站选择在方正、绥棱、鸡东3个县分别设立试验点，开展水稻病虫害防控植保贡献率评价试验和数据采集工作。经测算，严格防治区、统防统治区、农户自防区病虫害防控植保平均贡献率分别为9.61%、6.36%和3.96%。据调查，3种防治类型所占比例分别为30.70%、61.07%和8.23%，加权平均病虫害防控植保贡献率为7.16%（表3-1）。

表3-1　2022年黑龙江省水稻病虫害防控植保贡献率评价试验结果

试验处理	发生程度	平均亩产（千克）	损失率（%）	挽回损失率（%）	所占比例（%）	植保贡献率（%）
严格防治区	1	624.04	—	9.61	30.70	
统防统治区	1～2	603.77	3.25	6.36	61.07	7.16
农户自防区	2	588.80	5.65	3.96	8.23	
完全不防区	4～5	564.09	9.61	—	—	

注：依据哈尔滨市方正县、绥化市绥棱县、鸡西市鸡东县3个试验点调查数据，按照水稻种植面积加权平均计算防控植保贡献率。

（二）江苏省试验评价结果

江苏省植物保护植物检疫站在全省设立 6 个试验点开展水稻病虫害防控植保贡献率评价试验和数据采集工作。经全省数据平均分析，严格防治区、统防统治区、农户自防区的病虫害防控植保贡献率分别为 24.13%、20.75% 和 11.29%。据调查，全省 3 种防治类型面积分别占比 12.62%、67.35% 和 20.04%，加权平均病虫害防控植保贡献率为 19.28%（表 3-2）。

表 3-2　2022 年江苏省水稻病虫害防控植保贡献率评价试验结果

试验处理	发生程度	平均亩产（千克）	损失率（%）	挽回损失率（%）	所占比例（%）	植保贡献率（%）
严格防治区	1.6	642.86	—	24.13	12.62	
统防统治区	1.7	621.14	3.38	20.75	67.35	19.28
农户自防区	2.4	560.33	12.84	11.29	20.04	
完全不防区	3.2	487.74	24.13	—	—	

注：依据全省 6 个试验点（苏北的睢宁、大丰，苏中的靖江、通州和苏南的宜兴、太仓，分别代表江苏省不同的水稻种植区）调查数据，按照种植面积加权平均计算防控植保贡献率。

（三）江西省试验评价结果

江西省农业农村产业发展服务中心组织上高、瑞昌、万安等 6 个县（市、区）开展水稻病虫害防控植保贡献率评价试验和数据采集工作。经全省数据平均，严格防治区、统防统治区、农户自防区病虫害防控植保贡献率分别为 34.54%、27.45% 和 22.83%。据调查，全省 3 种防治类型所占比例分别为 1.70%、69.70% 和 28.60%，加权平均病虫害防控植保贡献率为 26.25%（表 3-3）。

表 3-3　2022 年江西省水稻病虫害防控植保贡献率评价试验结果

试验处理	发生程度	平均亩产（千克）	损失率（%）	挽回损失率（%）	所占比例（%）	植保贡献率（%）
严格防治区	1	574.12	—	34.54	1.70	
统防统治区	1~2	533.44	7.09	27.45	69.70	26.25
农户自防区	3	506.92	11.71	22.83	28.60	
完全不防区	4~5	375.84	34.54	—	—	

注：依据全省 6 个试验点调查数据，按照水稻种植面积加权平均计算防控植保贡献率（在上高、瑞昌、万安 3 个代表试验点安排早稻调查，在上高、临川 2 个代表试验点安排中稻调查，在大余、万年 2 个代表试验点开展晚稻调查）。

（四）湖南省试验评价结果

湖南省植保植检站在全省设立6个试验点开展水稻病虫害防控植保贡献率评价试验和数据采集工作。经全省数据平均分析，严格防治区、统防统治区、农户自防区病虫害防控植保贡献率分别为34.39％、25.54％和21.87％。据调查，湖南省3种防治类型所占比例分别为1.80％、46.30％和51.90％，加权平均病虫害防控植保贡献率为23.80％（表3-4）。

表3-4　2022年湖南省水稻病虫害防控植保贡献率评价试验结果

试验处理	发生程度	平均亩产（千克）	损失率（％）	挽回损失率（％）	所占比例（％）	植保贡献率（％）
严格防治区	1	494.33	—	34.39	1.80	
统防统治区	1～2	450.60	8.85	25.54	46.30	23.80
农户自防区	2～3	432.43	12.52	21.87	51.90	
完全不防区	4～5	324.33	34.39	—	—	

注：依据全省6个试验点调查数据，按照水稻种植面积加权平均计算防控植保贡献率［在衡南、醴陵、武冈、赫山、双峰等5个县（市、区）安排早、晚稻调查，在会同县安排中稻调查］。

（五）广西壮族自治区试验评价结果

广西壮族自治区植物保护总站在全区8个县（市、区）开展水稻病虫害防控植保贡献率评价试验和数据采集工作。经全区数据平均分析，严格防治区、统防统治区、农户自防区病虫害防控植保贡献率分别为27.31％、24.06％和17.56％。据调查，全区3种防治类型所占比例分别为3.70％、48.50％和47.80％，加权平均病虫害防控植保贡献率为21.07％（表3-5）。

表3-5　2022年广西水稻病虫害防控植保贡献率评价试验结果

试验处理	发生程度	平均亩产（千克）	损失率（％）	挽回损失率（％）	所占比例（％）	植保贡献率（％）
严格防治区	3（4）	433.860 6	—	27.31	3.70	
统防统治区	3（4）	419.765 0	3.25	24.06	48.50	21.07
农户自防区	3（4）	391.531 8	9.76	17.56	47.80	
完全不防区	3（4）	315.363 2	27.31	—	—	

注：依据全区8个试验点（兴安县、兴宾区、陆川县、柳城县、宜州区、港南区、上林县、八步区）调查数据，其中，兴宾区调查早稻数据，其余7个试验点调查晚稻数据。按照水稻种植面积加权平均计算防控植保贡献率。

（六）四川省试验评价结果

四川省植物保护站组织旌阳区、三台县、梓潼县、苍溪县、广汉市等5个县（市、区）开展水稻病虫害防控植保贡献率评价试验和数据采集工作。经全省数据平均，严格防治区、统防统治区、农户自防区病虫害防控植保贡献率分别为25.92%、25.13%和21.24%。据调查，全省3种防治类型所占比例分别为2.50%、52.60%和28.30%，加权平均病虫害防控植保贡献率为19.87%（表3-6）。

表3-6 2022年四川省水稻病虫害防控植保贡献率评价试验结果

试验处理	发生程度	平均亩产（千克）	损失率（%）	挽回损失率（%）	所占比例（%）	植保贡献率（%）
严格防治区	中	637.4	—	25.92	2.50	
统防统治区	中	632.4	0.78	25.13	52.60	19.87
农户自防区	中	607.6	4.68	21.24	28.30	
完全不防区	中	472.2	25.92	—	—	

注：依据全省5个试验点（旌阳区、三台县、梓潼县、苍溪县、广汉市）调查数据，按照水稻种植面积加权平均计算防控植保贡献率。

（七）全国水稻病虫害防控植保贡献率

依据黑龙江、江苏、江西、湖南、广西、四川等6个省（自治区）测定的水稻病虫害严格防治区、统防统治区、农户自防区防控挽回的产量损失率结果和各防治类型所占的面积比例，加权平均计算各省的植保贡献率。在此基础上，依据各省份水稻面积占6省份水稻总面积的比例，按照公式3-8加权平均计算得出2022年度全国水稻病虫害（不包括草害和鼠害）防控植保贡献率为19.23%（表3-7）。

表3-7 2022年全国水稻病虫害防控植保贡献率评价试验结果

省份	严格防治区		统防统治区		农户自防区		防控贡献率（%）	全国防控贡献率（%）
	挽回损失率（%）	占比（%）	挽回损失率（%）	占比（%）	挽回损失率（%）	占比（%）		
黑龙江	9.61	30.70	6.36	61.07	3.96	8.23	7.16	
江苏	24.13	12.62	20.75	67.35	11.29	20.04	19.28	
江西	34.54	1.70	27.45	69.70	22.83	28.60	26.25	
湖南	34.39	1.80	25.54	46.30	21.87	51.90	23.80	
广西	27.31	3.70	24.06	48.50	17.56	47.80	21.07	
四川	25.92	2.50	25.13	52.60	21.24	28.30	19.87	
平均	25.98	—	21.55	—	16.46	—	19.57	19.23

三、评价结论

（一）2022年参试各省份水稻病虫害防控的植保贡献率

黑龙江、江苏、江西、湖南、广西、四川等6个省（自治区）植保体系组织开展田间试验测定，在有效控制杂草危害的基础上，全年水稻病虫害防控的植保贡献率分别为7.16%、19.28%、26.25%、23.80%、21.07%、19.87%，平均19.57%。

（二）2022年全国水稻病虫害防控的植保贡献率

黑龙江、江苏、江西、湖南、广西、四川等6个省（自治区）均为全国水稻主产省份，水稻面积占全国总面积的57.64%左右。利用这6个省份水稻病虫害防控的植保贡献率加权平均计算得出全国水稻病虫害防控的植保贡献率为19.23%。据此测算，2022年通过病虫害防控，共挽回水稻产量4 009.36万吨（400.94亿千克）。

（三）水稻病虫害防控仍然有较大潜力可挖

经6个省（自治区）数据平均分析，严格防治情况下，植保贡献率比农户自防高9.52个百分点；统防统治条件下，植保贡献率也比农户自防高5.09个百分点。当前，全国水稻病虫害统防统治的比例仅43%左右，如果统防统治率提高到75%左右，相当于再有32%的水稻面积减少损失4.35%，则全国增产潜力为2.96亿千克；如果通过实施精准防控、统防统治等措施，切实将病虫危害损失率控制在5%以下，仍然还有潜力可挖，减损增产潜力巨大。

四、存在问题

（一）评价结果不包括草害鼠害防除的植保贡献

2022年评价试验工作首次开展，评价方法指标还在进一步摸索中。因此，2022年度的试验评价并未涉及草害的影响。按照联合国粮食及农业组织（FAO）测算的结果，一般情况下，杂草的危害损失率约为11%。根据黑龙江和江苏两省植保机构测算，如果包括草害防控在内，两省病虫草害防控植保贡献率分别为32.03%和36.69%，分别比病虫害防控植保贡献率高出24.87%和17.41%。另外，部分地方还有鼠害，如果加上草害和鼠害的防控植保贡献，则水稻病虫草鼠害防控的植保贡献率应该在40%左右。

（二）针对不同水稻种植区域和种植方式评价还不全面

我国稻区分布广泛，尽管此次参与的试验点涉及华南稻区、长江中下游单双季混栽稻区、长江中下游单季稻区、黄淮稻区、西南稻区和北方稻区等我国各稻区，但是试验点数量偏少，各区域病虫害发生种类和危害程度不一。水稻种植方式上有直播、移栽等多种方式，对病虫草害发生危害有一定影响。耕作上存在早稻、中稻、晚稻等多元化耕作制度，对于江西、湖南等一年种植多季水稻的区域，如何科学完整评价全年水稻病虫害防治植保贡献率，以及对于单季稻区和双季稻区不同权重划分测算，都需要进一步全面研判评价。

（三）2022年度水稻病虫害偏轻发生导致评价数据偏低

由于高温干旱等因素影响，2022年全国水稻病虫害总体偏轻发生，稻飞虱、稻纵卷叶螟等水稻"两迁"害虫总体偏轻至中等发生，稻瘟病总体偏轻发生，在西南东南部稻区中等发生，水稻纹枯病、南方水稻黑条矮缩病发生程度轻于常年，未造成大范围偏重发生态势。因此，2022年度所得的评价结果数据偏低，遇到病虫害严重发生年份，在有效控制病虫害发生危害的基础上，植保贡献率应该更高。

五、下一步打算

（一）逐步扩大评价覆盖范围

2022年水稻植保贡献率评价设点主要集中在华南稻区、长江中下游单双季混栽稻区、长江中下游单季稻区、西南稻区和北方稻区，黄淮稻区仅个别试验点参试，需要扩大各稻区的试验点数量，扎实提高水稻病虫害防控植保贡献率评价覆盖范围，为做好全年农作物病虫害防控植保贡献率测算工作奠定基础。

（二）逐步统一试验评价方法

2022年尽管制定印发了试验评价方法，但从各地执行的情况看，掌握的尺度不尽一致，在试验处理、调查方法和数据分析处理上还不统一，尤其是混栽稻区，需要明确全年水稻病虫害防控植保贡献率加权计算方式，下一步将加强研讨交流和技术培训，明确统一方法，提高评价方法的科学性和评价结果的权威性。

（三）及早安排布置评价工作

针对2022年试验评价工作布置偏晚的情况，下一年将及时印发通知，安排落实任务，确定各省份联系人，定期调度跟踪，同时把除草、药剂浸种、拌种等病虫害防控因素都考虑进来，确保下一年度的植保贡献率等评价结果更加全面、真实、客观。

（四）逐步形成植保工作制度

在不断实践和完善评价方法、加强宣传培训的基础上，逐步将病虫害防控植保贡献率评价纳入各级植保部门工作范围，强化工作意识，形成制度安排，每年定期开展评价工作，得出植保防控挽回损失率等权威数据，为客观反映病虫害防控植保贡献情况提供数据支撑。

拟稿人　刘慧、郭荣、卓富彦、司兆胜、张静、朱凤、曹申文、朱秀秀、覃保荣、谢义灵、徐翔、胡韬、刘万才

2022年全国玉米病虫害防控植保贡献率评价报告

为做好玉米重大病虫害防控成效评价，量化反映病虫害防控工作的成效和贡献率，根据种植业管理司安排部署，2022年全国农业技术推广服务中心（以下称"我中心"）制定了《农作物病虫害防控效果与植保贡献率评价办法（试行）》，组织河北、吉林、河南和云南4个省份植保体系认真开展了玉米重大病虫害防控植保贡献率评价工作。通过统一设置严格防治区、统防统治区、农户自防区和完全不防治对照区，采用多点试验测产的方法，经科学评估，2022年全国玉米病虫害（不包括草害和鼠害）防控植保贡献率为18.74%。据此测算，共挽回玉米产量损失5 107.30万吨。统计结果表明，严格防治和统防统治情况下，防控植保贡献率分别比农户自防高8.44个和4.26个百分点。

一、评价方法

（一）危害损失率测算方法

根据我中心制定的评价办法，河北、吉林、河南和云南4个省份的植保植检站选择有代表性的玉米主产县开展田间评估试验，统一设置完全不防治对照、严格防治、统防统治和农户自防4个处理，因防治力度不同等原因，形成不同的病虫害发生梯度。在玉米收获期，通过测量不同防治类型下的产量，判断不同防治类型、不同发生程度病虫害造成的损失。本试验设定，在严格防治情况下，病虫危害造成的损失最轻，按理论产量计；完全不防治情况下，病虫危害造成的损失最大；其他不同防治处理造成的危害损失居于中间。通过测算病虫危害造成的最大损失率和不同防治力度的实际损失率，进而确定不同防治情况下的危害损失率。其计算方法见公式4-1至公式4-3。

$$最大损失率 = \frac{\left(\dfrac{严格防治}{处理单产} - \dfrac{完全不防治}{处理单产}\right)}{严格防治处理单产} \times 100\% \qquad (4-1)$$

$$\text{不同防治类型实际损失率} = \frac{\left(\begin{array}{c}\text{严格防治}\\\text{处理单产}\end{array} - \begin{array}{c}\text{不同防治力度}\\\text{处理单产}\end{array}\right)}{\text{严格防治处理单产}} \times 100\% \qquad (4-2)$$

$$\text{挽回损失率} = \frac{\left(\begin{array}{c}\text{不同防治力度}\\\text{处理单产}\end{array} - \begin{array}{c}\text{完全不防治}\\\text{处理单产}\end{array}\right)}{\text{严格防治处理单产}} \times 100\% \qquad (4-3)$$

（二）植保贡献率计算方法

（1）不同防治水平植物保护贡献率的测算。 完全不防治情况下的产量损失率减去防治条件下的产量损失率，即为不同处理植保贡献率。其计算方法见公式4-4至公式4-5。

$$\text{植保贡献率（\%）} = \begin{array}{c}\text{完全不防治处}\\\text{理产量损失率}\end{array} - \begin{array}{c}\text{实际防治处理的}\\\text{产量损失率}\end{array} \qquad (4-4)$$

不同防治水平植物保护贡献率还可以用公式4-5计算：

$$\text{植保贡献率} = \frac{\left(\text{不同防治处理单产} - \text{完全不防治处理单产}\right)}{\text{严格防治处理单产}} \times 100\% \qquad (4-5)$$

（2）调查明确不同防治类型病虫害发生情况及发生面积占比。 开展植保贡献率测算，首先要调查明确所辖区域内病虫害的防治情况（即其发生危害程度）和分布状况，明确所辖区域病虫害的发生面积大小。本试验以严格防治区、统防统治区、农户自防区为代表类型，统计其面积占比，为加权测算全代表区域病虫害造成的产量损失率做好准备。

（三）不同地域范围植保贡献率测算方法

在当前生产中，一般需要分别计算县级、市级、省级和全国的植保贡献率。本试验具体测算办法如下：

（1）县域范围的植保贡献率测算。 根据不同生态区病虫害发生程度、分布状况和防治情况调查数据，结合代表区域植保贡献率测算结果，采用加权平均的办法测算县域植保贡献率。其计算方法见公式4-6。

$$\text{县域植保贡献率} = \sum\left[\frac{\left(\begin{array}{c}\text{不同防治力}\\\text{度处理单产}\end{array} - \begin{array}{c}\text{完全不防治}\\\text{处理单产}\end{array}\right)}{\begin{array}{c}\text{严格防治}\\\text{处理单产}\end{array}} \times \begin{array}{c}\text{不同发生}\\\text{程度面积}\\\text{占种植面}\\\text{积的比例}\end{array}\right] \times 100\% \qquad (4-6)$$

（2）市（地）级范围的植保贡献率测算。参考县域范围的植保贡献率的测算方法进行，也可依据所辖各县的植保贡献率结果加权平均测算。

（3）省域范围的植保贡献率测算。采用各县的贡献率结果加权平均计算。也可以在县域测算结果的基础上，选择有代表性的5～10个县，直接用加权平均的办法测算省域植保贡献率。其计算方法见公式4-7。

$$省域植保贡献率（\%）= \sum \left(\begin{matrix} 县域植保 \\ 贡献率 \end{matrix} \times \begin{matrix} 该县种植面积占统计 \\ 总种植面积的比例 \end{matrix} \right) \quad (4-7)$$

（4）全国植保贡献率的测算方法。采用各省的贡献率结果加权平均计算，也可以选择有代表性的重点省份，用加权平均的办法测算全国的植保贡献率。其计算方法见公式4-8。

$$全国植保贡献率（\%）= \sum \left(\begin{matrix} 省域植保 \\ 贡献率 \end{matrix} \times \begin{matrix} 该省种植面积占统计 \\ 总种植面积的比例 \end{matrix} \right) \quad (4-8)$$

二、评价结果

（一）河北省试验评价结果

河北省植保植检站在13个玉米主产市每市安排2个试验点，开展玉米病虫害防治效果与植保贡献率评价工作。以鹿泉区、河间市、黄骅市、固安县、万全区5个有代表性县（市、区）的数据计算河北省域防控植保贡献率。经5个试验点测产数据平均后，根据公式计算，严格防治区、统防统治区、农户自防区病虫害防控挽回损失率分别为27.50%、22.53%和20.12%。据统计测算，河北省3种防治类型所占比例分别为1.00%、54.30%和43.70%，加权平均后得出全省病虫害防控植保贡献率为21.30%（表4-1）。

表4-1 2022年河北省玉米病虫害防控植保贡献率评价试验结果

试验处理	发生程度	平均亩产（千克）	损失率（%）	挽回损失率（%）	所占比例（%）	植保贡献率（%）
严格防治区	1～2	615.3	—	27.50	1.00	
统防统治区	2～3	584.7	4.97	22.53	54.30	21.30
农户自防区	2～4	569.9	7.38	20.12	43.70	
完全不防区	3～5	446.1	27.50	—	1.00	

注：依据全省5个代表县（市、区）调查数据，按照玉米种植面积加权平均计算防控植保贡献率。

（二）吉林省试验评价结果

吉林省农业技术推广中心组织公主岭、蛟河、敦化、抚松、洮南、东丰、梨树7个县（市、区）开展玉米病虫害防控植保贡献率评价试验和数据采集工作。经7个县（市、区）数据平均，严格防治区、统防统治区、农户自防区病虫害防控挽回损失率分别为19.81％、14.49％和9.61％。据调查，吉林省3种防治类型所占比例分别为14.99％、46.73％和34.28％，加权平均病虫害防控植保贡献率为13.04％（表4-2）。

表4-2　2022年吉林省玉米病虫害防控植保贡献率评价试验结果

试验处理	发生程度	平均亩产（千克）	损失率（％）	挽回损失率（％）	所占比例（％）	植保贡献率（％）
严格防治区	1	740.09	—	19.81	14.99	
统防统治区	2	700.69	5.32	14.49	46.73	13.04
农户自防区	3～4	664.56	10.21	9.61	34.28	
完全不防区	5	593.44	19.81	—	3.99	

注：依据全省7个县（市、区）调查数据，按照玉米种植面积加权平均计算防控植保贡献率。

（三）河南省试验评价结果

河南省植保植检站在全省设立9个县（市、区）开展玉米病虫害防控植保贡献率评价试验和数据采集工作。经全省数据平均，严格防治区、统防统治区、农户自防区病虫害防控挽回损失率分别为30.42％、26.26％和18.83％。据测算，河南省3种防治类型所占比例分别为3.49％、50.49％和46.02％，加权平均病虫害防控植保贡献率为22.99％（表4-3）。

表4-3　2022年河南省玉米病虫害防控植保贡献率评价试验结果

试验处理	发生程度	平均亩产（千克）	损失率（％）	挽回损失率（％）	所占比例（％）	植保贡献率（％）
严格防治区	1	664.05	—	30.42	3.49	
统防统治区	2	636.46	4.15	26.26	50.49	22.99
农户自防区	2～3	587.12	11.59	18.83	46.02	
完全不防区	4～5	462.06	30.42	—	—	

注：依据全省9个代表点（长葛市、临颍县、汝阳县、滑县、卫辉市、浚县、范县、淮阳区、长垣县）调查数据，按照玉米种植面积加权平均计算防控植保贡献率。

（四）云南省试验评价结果

云南省植保植检站在保山隆阳区、昆明富民县、寻甸县3个县（区）开展玉米病虫害防控植保贡献率评价试验和数据采集工作。经全省数据平均，严格防治区、统防统治区、农户自防区病虫害防控挽回损失率分别为25.90％、23.63％和21.30％。据测算，云南省3种防治类型所占比例分别为11.89％、16.08％和62.03％，加权平均病虫害防控植保贡献率为20.09％（表4-4）。

表4-4 2022年云南省玉米病虫害防控植保贡献率评价试验结果

试验处理	发生程度	平均亩产（千克）	损失率（％）	挽回损失率（％）	所占比例（％）	植保贡献率（％）
严格防治区	1	701.35	—	25.90	11.89	
统防统治区	1	685.39	2.28	23.63	16.08	20.09
农户自防区	1	669.07	4.60	21.30	62.03	
完全不防区	5	519.67	25.90	—	10.00	

注：依据全省3个县（区）调查数据，按照玉米种植面积加权平均计算防控植保贡献率。

（五）全国玉米病虫害防控植保贡献率

依据河北、吉林、河南和云南4个省份测定的玉米病虫害严格防治区、统防统治区、农户自防区防控挽回的产量损失率结果和各防治类型所占的面积比例，加权平均计算各省的植保贡献率。在此基础上，依据各省玉米面积占4个省份玉米总面积的比例，按照公式4-7加权平均计算得，2022年度全国玉米病虫害（不包括草害和鼠害）防控植保贡献率为18.74％（表4-5）。

表4-5 2022年全国玉米病虫害防控植保贡献率评价试验结果

省份	严格防治区		统防统治区		农户自防区		防控贡献率（％）	全国防控贡献率（％）
	挽回损失率（％）	占比（％）	挽回损失率（％）	占比（％）	挽回损失率（％）	占比（％）		
河北	27.50	1.00	22.53	54.30	20.12	43.70	21.30	
吉林	19.81	14.99	14.49	46.73	9.61	34.28	13.04	
河南	30.42	3.49	26.26	50.49	18.83	46.02	22.99	
云南	25.90	11.89	23.63	16.08	21.30	62.03	20.09	
平均	25.91	—	21.73	—	17.47	—	19.36	18.74

三、评价结论

（一）2022年参试各省玉米病虫害防控的植保贡献率

经河北、吉林、河南和云南4个省份植保体系组织开展田间试验测定，在做好种传土传病虫害、苗期病虫害、生长中后期病虫害防控等环节的基础上，玉米病虫害防控的植保贡献率分别为21.30％、13.04％、22.99％和20.09％，算术平均值为19.36％。

（二）2022年全国玉米病虫害防控的植保贡献率

吉林、河南、河北和云南4个省份均为全国玉米主产省，分别代表我国北方春玉米区、黄淮海夏玉米区和南方丘陵玉米区，播种面积分别排在全国的第2位、第5位、第6位、第9位，4个省份玉米种植面积之和占全国玉米总面积的30.2％左右。利用这4个省份玉米病虫害防控的植保贡献率加权平均计算全国玉米病虫害防控的植保贡献率为18.74％。据此测算，2022年通过病虫害防控，共挽回玉米产量5 107万吨（510.7亿千克）。

（三）玉米"虫口夺粮"仍然有较大潜力可挖

由表4-5中加权平均得到的数据分析得出，严格防治情况下，植保贡献率比农户自防高8.44个百分点；统防统治条件下，植保贡献率比农户自防高4.26个百分点。当前，全国玉米病虫害统防统治覆盖率不到40％，绿色防控覆盖率在45％左右，离三大粮食作物统防统治覆盖率50％、主要农作物绿色防控覆盖率60％的目标，仍有不小的差距。比如黄淮海地区光温资源匹配性好，是最具增产潜力的区域，如何有效推广实施玉米中后期"一喷多效"技术，有效提升玉米"保穗保产、控害提质"能力，对实现"十四五"粮食增产目标，保障我国粮食安全意义重大。

四、存在问题和下一步打算

（一）进一步增强选点的代表性

此次评价工作选点，没有西北玉米产区的省份作为样本入选，对于全国结果的测算可能存在影响，因为不同地区的玉米病虫害发生种类不同，且不同的气候类型、资源禀赋、技术水平、种植模式影响下的产量水平不同，增加西北玉米产区的测算对全国整体植保贡献率的测算是一种很好的补充。

（二）进一步优化试验评价方法

2022年受疫情等多重因素影响，不同省份开展试验点的数量、调查数据的准备充分性存在差异，在计算各省份不同处理的挽回损失率以及植保贡献率时，样本和数据量存在差异。同时，目前的省域植保贡献率测算公式4-7和公式4-8，由县域植保贡献率和不同处理挽回损失率两种加权平均计算出来的数值存在差异，此次报告中是按照公式4-8的方式测算数值。需要进一步分析明确，哪种计算方式能更科学准确地反映实际情况。

（三）进一步规范试验评价工作

在今后的调查测算工作中，一是选点要充分考虑各种生态区域、种植水平、管理模式等特点，尽量兼顾全国各玉米主产区的情况。二是在试验处理、调查方法、数据分析、测算公式上还有差异，需要进一步研究讨论优化，达成共识。三是积极争取项目支持，科学测算植保贡献率需要大量样本和基础数据作为支撑，地方反映当前基层专业技术人员严重不足，如果此项工作今后作为常态化制度化的工作开展，需要从项目专项经费支持等方面加以考虑。

拟稿人　朱晓明、陈立玲、范婧芳、徐永伟、罗嵘、李跃

2022 年北方果树病虫害防控植保贡献率评价研究报告

苹果和梨是我国北方最为重要的果树种类，其栽培分布范围广、产量高，是全国城乡居民喜爱的水果种类，在改善城乡居民生活水平，全面推进乡村振兴方面发挥着重要作用。近年来，随着果品产业的发展，部分老果园栽培年限延长，病虫危害加重，不仅严重影响果品产量，而且影响果品质量。从生产情况看，一般认为，果树病虫害造成的危害损失要高于粮食等大田作物。有关粮食作物病虫害的危害损失率和防控挽回损失率还有一些报道，但果树病虫害具体危害有多大，通过防治挽回损失的植保贡献率有多少，除了云南省昭通市马永翠等人通过田间试验，证明当地苹果病虫害在不防治的情况下，危害损失率高达 70% 左右外，其他有关研究报道一直较少。现实中缺乏有力的试验数据，难以反映果树病虫危害的严重性，以及病虫害防控的效果和贡献率。为此，依据全国农业技术推广服务中心制定的《农作物病虫害防控效果与植保贡献率评价办法（试行）》及有关文献，2022 年在陕西、山西 2 个省份 7 个县（市、区），围绕北方果树病虫害的发生危害情况和植保贡献率展开研究，以苹果（陕西省洛川县、白水县，山西省万荣县、阳泉郊区、吉县）和梨（山西省祁县、原平市）2 个主要果树种类为研究评价对象，科学选点，经多点田间对比试验评估，2022 年北方苹果病虫害防控的植保贡献率为 35.57%，梨病虫害防控的植保贡献率为 44.38%。

一、评价方法

（一）试验设计

根据目前的生产实际，评价试验统一设 4 个处理，即严格防治区、统防统治区、农户自防区和完全不防治对照区。严格防治区为绿色防控集成技术示范区，全程按植保部门技术方案进行防治；统防统治区选择果业合作社、种植大户、种植能手、农民植保员栽培的果园，果农技术素质较好，果园有一定规模，统一实施防治，管理水平较高；农户自防区由果农按照自己的经验和防治习惯进行病虫害防治。以上 3 个处理一般以果园为单位，试验区面积 50 亩左右；完全不防治对照区，不进行病虫害防治，面积 1 亩。

（二）病虫害调查

根据果园病虫害发生情况，从 3 月开始，在苹果、梨生长关键时期，在各试验区域开展主要病虫害（包括苹果褐斑病、苹果白粉病、苹果锈病、金纹细蛾、蚜虫、叶螨）调查，按 5 点取样选 5 株树，定株、挂牌标记，每株树按东、南、西、北、中 5 个方位，每个方位固定 1 个枝条，调查病虫害发生情况并进行记录。

（三）产量效益调查

本试验基于商品果进行评价，采收前分别对 4 个处理区进行测产，每个处理区选择 5 株树，采收前 1 天，实测每株树的产量，分拣出商品果，淘汰掉残次果，对商品果称重计产，计算商品果率，并根据平均株产量×亩株数计算亩产量。同时，果品全部采收后再根据整体产量和商品果率验证试验数据。

（四）危害损失率测算

本试验设定，严格防治区在科学防控的情况下，病虫危害造成的损失最小，按理论产量计；完全不防治区，对病虫完全不进行防治，病虫危害造成的损失最大；其他不同防治处理造成的危害损失居于二者之间。其计算方法见公式 5 - 1 至公式 5 - 4。

$$\text{亩商品果产量} = \text{亩产量} \times \text{商品果率} \qquad (5-1)$$

$$\text{最大损失率} = \frac{\left(\dfrac{\text{严格防治区}}{\text{商品果单产}} - \dfrac{\text{完全不防治区}}{\text{商品果单产}}\right)}{\text{严格防治区商品果单产}} \times 100\% \qquad (5-2)$$

$$\text{实际损失率} = \frac{\left(\dfrac{\text{严格防治区}}{\text{商品果单产}} - \dfrac{\text{不同防治处理区}}{\text{商品果单产}}\right)}{\text{严格防治区商品果单产}} \times 100\% \qquad (5-3)$$

$$\text{挽回损失率} = \frac{\left(\dfrac{\text{不同防治处理}}{\text{商品果单产}} - \dfrac{\text{完全不防治区}}{\text{商品果单产}}\right)}{\text{严格防治区商品果单产}} \times 100\% \qquad (5-4)$$

（五）植保贡献率测算

植保贡献率即挽回损失率，不同防治水平的植保贡献率计算同挽回损失率。

县域范围植保贡献率根据不同生态区的防治处理情况及占比，参考病虫害发生程度、分布状况调查数据，结合试验区域植保贡献率测算结果，采用加权平均的办法测算。北方区域的植保贡献率采用参试各县域范围植保贡献率平均进行测算（公式 5-5）。

$$
\text{植保贡献率} = \sum \left[\frac{\left(\substack{\text{不同防治}\\\text{处理单产}} - \substack{\text{完全不防治}\\\text{处理单产}}\right)}{\substack{\text{严格防治}\\\text{处理单产}}} \times \substack{\text{不同发生}\\\text{程度面积}\\\text{占种植面}\\\text{积的比例}} \right] \times 100\% \quad (5-5)
$$

二、评价结果

（一）苹果病虫害防控植保贡献率

经陕西省洛川县、白水县，山西省万荣县、阳泉市郊区、吉县植保站田间试验测定，5 个试验点平均数据汇总（以陕西洛川试验评价数据举例说明）。在做好栽培管理基础上，2022 年以陕西、山西两省份试验数据平均，评估北方苹果病虫害防控的植保贡献率为 35.57%。其中，严格防治区、统防统治区和农户自防区的平均植保贡献率分别为 50.91%、37.27% 和 30.95%，严格防治区较统防统治区和农户自防区的植保贡献率分别高出 13.64 个百分点和 19.96 个百分点（表 5-1、表 5-2）。

表 5-1　苹果病虫防控植保贡献率评价结果

（陕西洛川，2022）

试验处理	发生程度	平均亩产（千克）	商品果率（%）	平均亩商品果产量（千克）	挽回亩产量（千克）	危害损失率（%）	植保贡献率（%）	占比（%）	县域植保贡献率（%）
严格防治区	1	2 564	86.10	2 207.61	1 067.49		48.36	1.00	
统防统治区	2	2 328	83.78	1 950.43	810.32	11.65	36.71	15.00	34.31
农户自防区	2	2 350	80.18	1 884.23	744.12	14.65	33.71	84.00	
完全不防区	4	2 314	49.27	1 140.11	—	48.36			

表 5－2　北方苹果病虫害防控植保贡献率评价结果

（陕西、山西，2022）

县（区）名称	严格防治区		统防统治区		农户自防区		县域植保贡献率（%）	全国植保贡献率（%）
	挽回损失率（%）	占比（%）	挽回损失率（%）	占比（%）	挽回损失率（%）	占比（%）		
洛川县	48.36	1.00	36.71	15.00	33.71	84.00	34.31	
白水县	40.24	1.00	21.34	12.00	20.43	87.00	20.90	
万荣县	61.74	13.85	51.37	66.29	47.00	19.86	51.94	
阳泉市郊区	55.00	6.70	47.50	60.00	25.00	33.30	40.51	
吉县	49.23	3.98	29.42	92.05	28.60	3.97	30.18	
平均	50.91	5.31	37.27	49.07	30.95	45.63	35.57	35.57

（二）梨病虫害防控植保贡献率

经山西省晋中市祁县、忻州市原平市 2 县（市）植保站田间试验测定，祁县、原平市 2 县（市）平均数据汇总（以祁县试验评价数据举例说明）。在做好栽培管理基础上，2022 年北方梨病虫害防控的平均植保贡献率为 44.38%。其中，严格防治区、统防统治区和农户自防区的植保贡献率分别为 56.17%、42.84% 和 36.09%，严格防治区较统防统治区和农户自防区的植保贡献率分别高出 13.33 个百分点和 20.08 个百分点（表 5－3、表 5－4）。

表 5－3　梨病虫害防控植保贡献率评价试验结果

（山西祁县，2022）

试验处理	发生程度	平均亩产（千克）	损失率（%）	挽回损失率（%）	所占比例（%）	植保贡献率（%）
严格防治区	1	3 514.8	0	74.04	8.0	
统防统治区	2～3	2 804.0	20.22	53.82	70.9	53.71
农户自防区	4～5	2 515.3	28.44	45.61	21.1	
完全不防区	5	912.3	74.04	—	—	

表 5-4　北方梨病虫害防控植保贡献率评价结果

（山西，2022）

县（市）名称	严格防治区		统防统治区		农户自防区		县域植保贡献率（%）	全省植保贡献率（%）
	挽回损失率（%）	占比（%）	挽回损失率（%）	占比（%）	挽回损失率（%）	占比（%）		
祁县	74.04	8.00	53.82	70.90	45.61	21.10	53.71	
原平市	38.29	38.87	31.86	35.43	26.57	25.70	33.00	
平均	56.17	23.44	42.84	53.16	36.09	23.40	43.36	44.38

三、结论与讨论

（一）结论

（1）2022年北方果树病虫害防控的植保贡献率。经陕西省洛川县、白水县，山西省万荣县、阳泉市郊区、吉县2个省份5个县（区）植保站开展田间试验测定，在做好水肥等栽培管理的基础上，苹果病虫害防控的植保贡献率为35.57%；经山西省祁县、原平市2个县（市）开展田间试验测定，梨病虫害防控的植保贡献率为44.38%。

（2）果树病虫害防控贡献率还有较大潜力。以苹果为例通过开展多点试验，结果表明，苹果严格防治区比统防统治区和农户自防区的植保贡献率分别高出13.64个和19.96个百分点，但严格防治区面积比例仅占5.31%；而统防统治区的植保贡献率也比农户自防区高出6.32个百分点，面积占比约为50%。一些果业发展较早、基础较好的县，都有果业示范园区、果业合作社、果业大户、"土专家"这些群体，他们思想较为先进，愿意接受新技术。这些群体是今后开展科学防控、绿色防控工作的主要着力点，通过进一步依托示范园区、果业合作社、种植大户等新型经营主体，加强技术培训和示范带动，可进一步推动绿色防控技术的规模应用，扩大严格防治和统防统治面积比例，进一步提升植保贡献率。

（二）讨论

（1）关于果品作物的产量指标。苹果、梨等果树作物形成的果品不同于粮食作物，在产量的基础上，更注重的是能正常产生经济效益的商品果，病虫害防治不好会影响树势，造成果实小、病虫果率高，大量果达不到商品果标准，当作残次果售卖而无法实现预期经济效益。因此，建议在今后的评价工作中，应特别强调，要统一以商品果产量来评价果树病虫害防控的植保贡献率。

（2）关于试验评价地点的选择。应尽量选具有代表性的区域和果园，要能够兼顾体现不同的生态类型和防治水平。如陕西、山西2个省份属黄土高原苹果主产区，如果能综合渤海湾主产区山东的测评数据，苹果病虫害防控的贡献率测算数据会更加客观。同时，在当地也要注意生态类型、病虫害发生程度、防控力量等因素，使试验点的情况能尽量代表当地的病虫害发生情况和防控水平。

（3）2022年的评价结果可能偏小。果树病虫害年度间的关系更为密切，当年防治不好，其影响不止一年，如果不防治病虫，不但影响当年的果品产量和质量，而且会影响翌年的花芽分化进而影响产量和质量。2022年度试验是在2021年防治较好的基础上进行的，因此，完全不防治区危害相对较轻，产量相对较高，必定造成评价结果偏低。同时，因担心减产过多，试验中完全不防治（对照）区面积较其他处理区偏小，由于周边病虫害实施了较好的防治，也间接对对照区起到了一定的保护作用，造成对照区病虫害发生危害较轻，也进一步加大了评价结果偏小的可能。下一步在完全不防治（对照）区的选择上，可考虑找一些即将废弃的果园进行参照，以使评价结果更加客观真实。

拟稿人　刘万才、王亚红、郑卫锋、李萍、吕文霞、史文生

2022 年蔬菜病虫害防控植保贡献率评价研究报告

蔬菜品种繁多，栽培模式多样，经济价值高。由于病虫害发生种类多、发生危害重，造成的危害损失总体要高于粮食等大田作物。为做好蔬菜病虫害防控成效评价工作，客观反映病虫害防控的成效和贡献率，2022 年全国农业技术推广服务中心制定了《农作物病虫害防控效果与植保贡献率评价办法（试行）》，组织山东、辽宁和广东 3 个省份的植保体系开展了蔬菜病虫害防控植保贡献率评价工作。通过统一设置严格防治区、农户自防区和完全不防治（对照）区，采用多点试验测产的方法，经评估，2022 年全国蔬菜病虫害防控植保贡献率为 40.14％。统计结果表明，严格防治情况下，植保贡献率比农户自防高12.69 个百分点。

一、评价方法

（一）危害损失率测算方法

按照全国农业技术推广服务中心制定的评价办法，山东、辽宁、广东 3 个省份的植保机构选择有代表性的蔬菜主产县开展田间评估试验，统一设置完全不防治（对照）区、严格防治区和农户自防区 3 个处理。严格防治区全程按植保部门技术方案进行防治，农户自防区由菜农按照自己的经验和防治习惯进行病虫害防治，完全不防治（对照）区不进行病虫害防治，因防治措施不同、技术落实到位程度不同等原因，导致不同处理区的病虫害发生种类和危害程度呈现梯度变化。通过测量不同防治类型下蔬菜产量，判断不同防治类型、不同发生程度病虫害造成的损失。本试验设定，在严格防治的情况下，病虫危害造成的损失最轻，按理论产量计；完全不防治的情况下，病虫危害造成的损失最大；农户自防等其他不同防治处理造成的危害损失居于二者之间。通过测算蔬菜生产中病虫危害造成的最大损失率和不同防治水平的实际损失率，进而确定不同防治水平下的危害损失率。其计算方法见公式 6-1 至公式 6-3。

$$最大损失率=\frac{\left(\begin{array}{c}严格防治\\处理单产\end{array}-\begin{array}{c}完全不防治\\处理单产\end{array}\right)}{严格防治处理单产}\times100\%$$ (6-1)

$$\begin{array}{c}不同防治类型\\实际损失率\end{array}=\frac{\left(\begin{array}{c}严格防治\\处理单产\end{array}-\begin{array}{c}不同防治水平\\处理单产\end{array}\right)}{严格防治处理单产}\times100\%$$ (6-2)

$$挽回损失率=\frac{\left(\begin{array}{c}不同防治水平\\处理单产\end{array}-\begin{array}{c}完全不防治\\处理单产\end{array}\right)}{严格防治处理单产}\times100\%$$ (6-3)

（二）植保贡献率计算方法

（1）不同防治水平植物保护贡献率的测算。完全不防治情况下的产量损失率减去防治情况下的产量损失率，即为不同防治水平植保贡献率。其计算方法见公式6-4至公式6-5。

$$植保贡献率（\%）=\begin{array}{c}完全不防治处\\理产量损失率\end{array}-\begin{array}{c}实际防治处理\\产量损失率\end{array}$$ (6-4)

不同防治水平植物保护贡献率还可以用公式6-5计算：

$$植保贡献率=\frac{\left(\begin{array}{c}不同防治\\处理单产\end{array}-\begin{array}{c}完全不防治\\处理单产\end{array}\right)}{严格防治处理单产}\times100\%$$ (6-5)

（2）调查明确不同防治条件下的病虫害发生情况及面积占比。开展植保贡献率测算，首先调查明确所辖区域内病虫害的防治情况（即其发生危害程度）和分布状况，明确所辖区域病虫害发生面积大小。本试验以严格防治区、农户自防区为代表类型，统计其面积占比，为加权测算全代表区域病虫害造成的产量损失率做好准备。

（三）不同地域范围植保贡献率测算方法

在当前生产中，一般需要分别计算县级、市级、省级和全国的植保贡献率。本试验具体测算办法如下：

（1）县域范围的植保贡献率测算。根据不同生态区病虫害发生程度、分布状况和防治情况调查数据，结合代表区域植保贡献率测算结果，采用加权平均的办法测算县域植保贡献率。其计算方法见公式6－6。

$$县域植保贡献率 = \sum \left[\frac{\left(\begin{array}{c} 不同防治水 \\ 平处理单产 \end{array} - \begin{array}{c} 完全不防治 \\ 处理单产 \end{array} \right)}{\begin{array}{c} 严格防治 \\ 处理单产 \end{array}} \times \begin{array}{c} 不同发生 \\ 程度面积 \\ 占种植面 \\ 积的比例 \end{array} \right] \times 100\% \qquad (6-6)$$

（2）市（地）级范围的植保贡献率测算。参考县域范围的植保贡献率的测算方法进行，也可依据所辖各县的植保贡献率结果加权平均测算。

（3）省域范围的植保贡献率测算。参考县域植保贡献率计算方法，用各个试点县不同防治力度处理平均单产与完全不防治处理平均单产相减，除以严格防治平均单产加权平均计算。其计算方法见公式6－7。

$$省域植保贡献率 = \sum \left[\frac{\left(\begin{array}{c} 各试点不同防治力 \\ 度处理平均单产 \end{array} - \begin{array}{c} 完全不防治处 \\ 理平均单产 \end{array} \right)}{\begin{array}{c} 严格防治处理 \\ 平均单产 \end{array}} \times \begin{array}{c} 不同发生 \\ 程度面积 \\ 占种植面 \\ 积的比例 \end{array} \right] \times 100\% \qquad (6-7)$$

（4）全国植保贡献率的测算方法。采用各省的贡献率结果加权平均计算，也可以选择有代表性的重点省份，用加权平均的办法测算全国的植保贡献率。其计算方法见公式6－8。

$$全国植保贡献率（\%） = \sum \left(\begin{array}{c} 省域植保 \\ 贡献率 \end{array} \times \begin{array}{c} 该省种植面积占统计 \\ 总种植面积的比例 \end{array} \right) \qquad (6-8)$$

二、评价结果

（一）辽宁省试验评价结果

辽宁省绿色发展中心在朝阳市和铁岭市开展蔬菜病虫害防控植保贡献率评价试验和数据采集工作。经数据分析测算，全省严格防治区、农户自防区病虫害防控植保贡献率分别为49.23％和44.94％。据调查，辽宁省3种防治类型所占比例分别为10.80％，86.90％和0.30％，加权平均测算病虫害防控植保贡献率为44.37％（表6－1）。

表 6-1 2022 年辽宁省蔬菜病虫害防控植保贡献率评价试验结果

试验处理	发生程度	平均亩产（千克）	损失率（%）	挽回损失率（%）	所占比例（%）	植保贡献率（%）
严格防治区	0～1	5 473.30	—	49.23	10.80	
农户自防区	2～4	5 238.54	4.29	44.94	86.90	44.37
完全不防区	5	2 778.95	49.23	—	0.30	

注：依据朝阳市和铁岭市调查数据，按照蔬菜种植面积加权平均计算防控植保贡献率。

（二）山东省试验评价结果

山东省农业技术推广中心组织章丘、青州、沂南等 8 个县（市、区）开展番茄等蔬菜病虫害防控植保贡献率评价试验和数据采集工作。经 8 个县（市、区）数据测算，严格防治区和农户自防区病虫害防控植保贡献率分别为 62.88% 和 41.82%。据调查，山东省 3 种防治类型所占比例分别为 10.80%、86.90% 和 0.30%，加权平均测算病虫害防控的植保贡献率为 43.13%（表 6-2）。

表 6-2 2022 年山东省蔬菜病虫害防控植保贡献率评价试验结果

试验处理	发生程度	平均亩产（千克）	损失率（%）	挽回损失率（%）	所占比例（%）	植保贡献率（%）
严格防治区	0～1	8 630.40	—	62.88	10.80	
农户自防区	2～4	6 813.20	21.06	41.82	86.90	43.13
完全不防区	5	3 203.30	62.88	—	0.30	

注：依据 8 个县（市、区）调查数据，按照蔬菜种植面积加权平均计算防控植保贡献率。

（三）广东省试验评价结果

广东省农业有害生物预警防控中心在惠州市惠阳区开展蔬菜病虫害防控植保贡献率评价试验和数据采集工作。据测算，严格防治区和农户自防区病虫害防控的植保贡献率分别为 48.10% 和 35.37%。据调查，广东省 3 种防治类型所占比例分别为 10.80%、86.90% 和 0.30%，加权平均病虫害防控植保贡献率为 35.93%（表 6-3）。

表 6-3 2022 年广东省蔬菜病虫害防控植保贡献率评价试验结果

试验处理	发生程度	平均亩产（千克）	损失率（%）	挽回损失率（%）	所占比例（%）	植保贡献率（%）
严格防治区	0～1	985.14	—	48.10	10.80	
农户自防区	2～4	859.74	12.73	35.37	86.90	35.93
完全不防区	5	511.25	48.10	—	0.30	

注：依据惠阳区调查数据，按照蔬菜种植面积加权平均计算防控植保贡献率。

（四）全国蔬菜病虫害防控植保贡献率

依据辽宁、山东和广东3个省份测定的蔬菜病虫害严格防治区、农户自防区的挽回产量损失率结果和各防治类型所占的面积比例，加权平均计算各省份的植保贡献率。在此基础上，依据各省份蔬菜面积占3个省份蔬菜总面积的比例，按照公式6-8加权平均计算，2022年度全国蔬菜病虫害防控植保贡献率为40.14％（表6-4）。

表6-4 2022年全国蔬菜病虫害防控植保贡献率评价试验结果

省份	严格防治区		农户自防区		防控贡献率（％）	全国防控贡献率（％）
	挽回损失率（％）	占比（％）	挽回损失率（％）	占比（％）		
辽宁	49.23	10.80	44.94	86.90	44.37	
山东	62.88	10.80	41.82	86.90	43.13	
广东	48.10	10.80	35.37	86.90	35.93	
平均	53.40	—	40.71	—	41.14	40.14

三、评价结论

（一）2022年参试各省份蔬菜病虫害防控的植保贡献率

经辽宁、山东和广东3个省份11个县（市、区）植保体系组织开展田间试验测定，在做好水肥等栽培管理的基础上，上述3个省份蔬菜病虫害防控的植保贡献率分别为44.37％、43.13％和35.93％，算术平均值为41.14％。

（二）2022年全国蔬菜病虫害防控的植保贡献率

山东、广东、辽宁为我国重要的蔬菜生产省份，将3个省份蔬菜病虫害防控的植保贡献率加权平均计算全国蔬菜病虫害防控的植保贡献率为40.14％。

（三）蔬菜病虫害防控植保贡献率还有较大潜力

由表6-4数据分析可得，3个省份严格防治条件下植保贡献率平均为53.40％，与农户自防相比高出12.69个百分点，但严格防治区面积占比仍显著低于农户自防区面积。目前采取严格防治的区域主要集中在一些基础较好的绿色防控示范县（区）、蔬菜专业化合作社等，能够按照综合防控技术方案开展科学防控，而大部分菜农主要依照自己的经验、习惯以及听从农药经销商的推荐进行防控，防控效果难以保证，蔬菜病虫害防控植保贡献率还有较大提升空间。今后应加强技术培训和示范带动，加强绿色防控投入品的推广力度，进一步推动绿色防控技术的规模化应用，扩大严格防治区面积比例，进一步提升植保贡献率。此外，此次评价试验仅收集一茬蔬菜的数据，蔬菜的复种指数较高，实际全年的植保贡献率应该更高。

四、下一步打算

（一）进一步增强选点的区域代表性

此次评价工作，没有西北蔬菜生产省份的样本参加测试，对全国的测算结果存在一定影响。

（二）进一步优化试验评价方法

与粮食作物不同，蔬菜的种类繁多、栽培模式多样、茬口多，病虫害发生种类、危害损失差异较大。在进行试验评价时，各省份在不同县（市、区）开展试验选择的蔬菜种类不同，不同蔬菜种类之间的单产存在较大差异，在计算省域及全国植保贡献率时，蔬菜的单产为不同种类蔬菜单产的算术平均值，在结果的精确性上可能会有影响。下一步可以按照不同蔬菜类别（如叶菜类、茄果类），不同种植模式（如保护地、露地），不同区域（如华南、华中、西北），分别计算植保贡献率，再进行加权平均，可以更加科学准确地反映实际情况。

（三）进一步规范试验评价工作

现行的《农作物病虫害防控效果与植保贡献率评价办法（试行）》主要是针对粮食作物制定的，对蔬菜病虫害不完全适用。今后，应参考上述办法，制定适合蔬菜病虫害防控的危害损失率和植保贡献率测算办法，进一步规范试验处理、调查方法、数据采集和统计分析等工作，确保测算结果更加客观。同时，要争取项目支持，在人力、财力等方面予以保障，推动该项工作常态化、制度化。

拟稿人　孙作文、李萍、张丹、王琳

APPENDIX 附 录

农作物病虫害防控植保贡献率评价办法[①]

植物保护贡献率是指在农作物生产中，通过采取种子处理、农业防治、生物防治、生态调控、理化诱控、化学防治等各类病虫害防治措施，挽回产量占农作物总产量的比例。植物保护贡献率可采用完全不防治情况下的产量损失率减去防控条件下的产量损失率加权平均进行测算。为做好农作物病虫害防控效果和植物保护贡献率评价工作，客观反映农作物病虫害的严重程度和防控工作的成效，特制定本办法。

一、试验处理安排

（一）试验站点选择

为了既减少工作强度和重复数，又使评价结果具有代表性，根据生态类型、产量水平和防控能力等在全国选择具有代表性的省份开展评价试验和数据采集工作。评价工作以作物为主线，以省为单位，每种作物选择有代表性的主产县3～5个作为试验单位开展评价工作。

（二）试验处理安排

评价试验以开展田间小区试验为主，在设置完全不防治病虫草害、完全不防治病虫害2个对照处理的基础上，设置严格防治、统防统治、农户自防等至少5个处理。其中，完全不防治病虫害、完全不防治病虫草害2个对照处理667米²，不设重复；其他3个处理，每个处理134～200米²，重复3次。

（三）试验数据采集

根据评价测算工作需要，在病虫害发生高峰期（稳定期）以不同防治处理为基础，开

---

① 全国农业技术推广服务中心文件农技植保〔2023〕1号印发。

展病虫害调查，记录不同防治情况（处理）后的病虫害发生情况。在作物收获期，通过实收实打或抽样调查的方法测量不同防控处理情况下的产量，判断不同防治情况下病虫害造成的损失和防治挽回的损失，为测算防控植保贡献率收集基础数据。相关数据记录见附表1-1至附表1-4。

附表1-1　××县××作物病虫草害防控植保贡献率评价试验记录表

试验处理	发生程度	平均亩产（千克）	挽回损失率（%）	损失率（%）	代表面积（万亩）	面积占比（%）	防控贡献率（%）	平均贡献率（%）
严格防治								
统防统治								
农户自防								
其他处理								
完全不防治病虫害								
完全不防治病虫草害								

注：此表可根据试验处理和调查实际情况调整。

附表1-2　××省××作物病虫草害防控植保贡献率评价试验结果

试验处理	发生程度	平均亩产（千克）	挽回损失率（%）	损失率（%）	面积占比（%）	防控贡献率（%）	平均贡献率（%）
严格防治							
统防统治							
农户自防							
完全不防治病虫害							
完全不防治病虫草害							

注：依据全省××个试验点调查数据，按照种植面积加权平均计算防控植保贡献率。

附表1-3　全国××作物病虫草害防控植保贡献率评价试验结果

省份	严格防治区			统防统治区			农户自防区			对照区	分省贡献率（%）	全国防控贡献率（%）
	平均亩产（千克）	挽回损失率（%）	面积占比（%）	平均亩产（千克）	挽回损失率（%）	面积占比（%）	平均亩产（千克）	挽回损失率（%）	面积占比（%）	平均亩产（千克）		
平均												

附表 1 - 4　全国农作物病虫草害防控植保贡献率评价试验结果

作物名称	某作物贡献率（%）	严格防治贡献率（%）	统防统治贡献率（%）	农户自防贡献率（%）	某作物产量（万吨）	挽回产量损失（万吨）	某作物播种面积（万公顷）	某作物面积占比（%）	平均植保贡献率（%）
平均/合计									

二、危害损失率测算

本评价试验设定，在严格防治情况下，病虫草害造成的损失最轻，按理论产量计；完全不防治情况下，病虫草害造成的损失最大；不同防治力度下造成的危害损失居于二者之间。通过测算病虫草害造成的最大损失率和不同防治力度的实际损失率，进而确定病虫草害不同发生程度的危害损失率。其计算方法见公式附-1至公式附-3。

$$最大损失率 = \frac{\left(\begin{matrix}严格防治\\处理单产\end{matrix} - \begin{matrix}完全不防治\\处理单产\end{matrix}\right)}{严格防治处理单产} \times 100\% \qquad （附-1）$$

$$实际损失率 = \frac{\left(\begin{matrix}严格防治\\处理单产\end{matrix} - \begin{matrix}不同防治\\处理单产\end{matrix}\right)}{严格防治处理单产} \times 100\% \qquad （附-2）$$

$$挽回损失率 = \frac{\left(\begin{matrix}不同防治\\处理单产\end{matrix} - \begin{matrix}完全不防治\\处理单产\end{matrix}\right)}{严格防治处理单产} \times 100\% \qquad （附-3）$$

测试试验处理和结果数据记录表见附表 1 - 1。

如果不设置田间小区试验，也可采用田间抽样调查和建立损失模型拟合等方法，计算不同发生程度的危害损失率。

三、植保贡献率测算

（一）不同防治水平植物保护贡献率的测算

完全不防治情况下的产量损失率减去防治条件下的产量损失率，即为不同处理植保贡献率。其计算方法见公式附－4至公式附－5。

$$贡献率（\%）=\frac{完全不防治处}{理产量损失率}-\frac{实际防治处理}{产量损失率} \qquad （附－4）$$

不同防治水平植物保护贡献率还可以用公式附-5计算：

$$贡献率=\frac{\left(\frac{不同防治处}{理区单产}-\frac{完全不防}{治区单产}\right)}{严格防治区单产}\times100\% \qquad （附－5）$$

（二）调查明确不同防治类型的面积与占比

开展植保贡献率测算，首先要调查明确所辖区域内病虫害的发生情况与防治类型分布情况，明确所辖区域内病虫害的发生面积大小。本试验以严格防治区、统防统治区、农户自防区为代表类型，统计其面积占比，为加权平均测算病虫害造成的产量损失率和防控植保贡献率做好准备。

（三）不同地域范围植保贡献率测算方法

在当前生产中，一般需要分别计算县级、市级、省级和全国的植保贡献率。本试验具体测算办法如下：

（1）县域范围的植保贡献率测算。根据不同生态区病虫害发生程度、分布状况和防治情况调查数据，结合代表区域植保贡献率测算结果，采用加权平均的办法测算县域植保贡献率。其计算方法见公式附－6。数据记录表见附表1－1。

$$县域植保贡献率=\sum\left[\frac{\left(\frac{不同防治力}{度处理单产}-\frac{完全不防治}{处理单产}\right)}{严格防治处理单产}\times\frac{不同发生程度面积占种植面积的比例}{}\right]\times100\% \qquad （附－6）$$

（2）市（地）级范围的植保贡献率测算。参考县域范围的植保贡献率的测算方法进行，也可依据所辖各县的植保贡献率结果加权平均测算。

（3）省域范围的植保贡献率测算。参考县域植保贡献率的计算方法，利用各个试点不同防治处理的平均单产进行计算。也可以在县域测算结果的基础上，选择有代表性的5～10个县，加权平均测算省域植保贡献率。其计算方法见公式附-7。数据记录表见附表1-2。

$$\text{省域植保}\atop\text{贡献率} = \sum \left[\frac{\left({\text{不同防治力度}\atop\text{处理平均单产}} - {\text{完全不防治处}\atop\text{理平均单产}} \right)}{\text{严格防治平}\atop\text{均处理单产}} \times {\text{不同发生}\atop\text{程度面积}\atop\text{占种植面}\atop\text{积的比例}} \right] \times 100\% \qquad (\text{附-7})$$

（4）全国（分作物）植保贡献率的测算方法。采用各省的贡献率结果加权平均计算，也可以选择有代表性的重点省份，用加权平均的办法测算全国的植保贡献率。其计算方法见公式附-8。数据记录见附表1-3。

$$\text{某作物全国}\atop\text{植保贡献率}(\%) = \sum \left({\text{省域植保}\atop\text{贡献率}} \times {\text{该省种植面积占统计}\atop\text{总种植面积的比例}} \right) \qquad (\text{附-8})$$

（5）全国农作物病虫害防控总体植保贡献率的测算方法。采用有关主要作物全国的植保贡献率测算结果与各作物种植面积占全国农作物（如粮食）总面积的比例，加权平均进行计算。其计算方法见公式附-9。数据记录见附表1-4。

$$\text{全国总的植}\atop\text{保贡献率}(\%) = \sum \left({\text{某作物全国}\atop\text{植保贡献率}} \times {\text{该作物全国种植面积占全}\atop\text{国农作物总面积的比例}} \right) \qquad (\text{附-9})$$

四、评价工作要求

（一）合理安排试验站点

各省份要安排有代表性、有条件的单位承担试验评价工作，提前确定试验区域、地块和小区设置。要从播种开始就着手安排试验，避免因试验安排偏晚造成部分内容难以落实的问题，保证测试结果的客观性。

（二）科学开展抽样调查

在试验明确不同防控水平的产量水平、挽回损失率和植保贡献率的基础上，要科学抽样，确定各防控水平的面积占比，并加权平均计算本地区的防控植保贡献率，不得简单平均。

（三）不断规范评价工作

要逐步将主要农作物病虫害植保贡献率评价纳入正常工作范围，以客观数据反映植保工作在保障国家粮食安全中的重要作用。要不断实践，逐步规范，建立适合本辖区的植保贡献率评价办法，不断提高评价结果的科学性。

（四）及时报送评价结果

全国农业技术推广服务中心根据作物和地域代表性，每年选择部分重点省份承担全国评价试验和数据采集工作，具体任务每年初以工作函形式下发。各省份植保机构要在每年小麦、水稻、玉米等作物收获后，分别于 6 月 30 日和 11 月 20 日前将本省份主要作物病虫害防控植保贡献率评价结果报告报送全国农业技术推广服务中心。

图书在版编目（CIP）数据

全国农作物病虫害防控植保贡献率评价报告.2022 / 全国农业技术推广服务中心，国家农业技术集成创新中心主编 . —北京：中国农业出版社，2023.7
　　ISBN 978-7-109-30823-7

　　Ⅰ.①全…　Ⅱ.①全…　②国…　Ⅲ.①作物—病虫害防治—技术评估—研究报告—中国—2022　Ⅳ.①S435

中国国家版本馆 CIP 数据核字（2023）第 115645 号

中国农业出版社出版
地址：北京市朝阳区麦子店街 18 号楼
邮编：100125
责任编辑：阎莎莎　　文字编辑：常　静
版式设计：王　晨　　责任校对：吴丽婷
印刷：中农印务有限公司
版次：2023 年 7 月第 1 版
印次：2023 年 7 月北京第 1 次印刷
发行：新华书店北京发行所
开本：880mm×1230mm　1/16
印张：3.75
字数：75 千字
定价：45.00 元